부모 코칭 에세이

아이의 뇌에 긍정의 회로를 심는

부모 코칭 에세이

낯선 길 위에서 지도를 펼친
당신에게 건네는 다정한 응원의 편지

장세호 지음

좋은땅

지휘봉을 내려놓고
'코치의 운동화'를 신으신 아버지께

과거 제가 경험한 아버지는 늘 따뜻한 분이셨지만, 가끔 가정을 바르게 이끌어야 한다는 책임감이 고개를 들 때면 누구보다 엄격하고 단호한 항해사로 변하시곤 했습니다. 그 이면에 저를 향한 깊은 사랑과 부성애가 자리 잡고 있음을 머리로는 알고 있었지만, 당시의 저로서는 그 높은 기대와 때때로 마주하는 엄격함을 온전히 감당해 내기가 참 벅찼던 것도 사실입니다. 장남으로서 아버지의 기대에 부응하고 싶으면서도, 한편으로는 그 무게감이 마음 한구석을 짓누르기도 했습니다.

그러던 어느 날부터인가, 아버지의 언어에 따뜻한 변화가 스며들기 시작했습니다. 일방적으로 방향을 지시하던 지휘봉 대신, 저의 생각을 묻는 '질문의 마이크'를 건네주셨습니다. 특히 제가 실수했을 때 추궁하거나 가르치려 하기보다 "어떻게 하면 좋을까?"라고 물으시며 3초간 조용히 기다려 주시던 모습이 기억에 남습니다. 그 짧은 기다림의 시간 동안, 저는 제가 단순히 지도를 받아야 할 대상이 아니라 제 삶을 스스로 설계할 수 있는 파트너임을 깨닫게 되었습니다.

아직은 대학생이기에 인생이라는 낯설고 거친 항해를 시작하려는 제게, 아버지의 변화는 그 무엇보다 든든한 등대가 되어 있습니다. 완벽한 정답만을 제시하려 하기보다 "아빠도 여전히 배우는 중이야"라고 먼저 손을 내미는 아버지의 정직한 뒷모습은, 제가 실패를 두려워하지 않고 저만의 항로를 개척해 나갈 수 있는 가장 큰 날개가 되었습니다. 이제 저는 미래가 두렵지 않습니다. 제 곁에는 언제든 제 이야기를 들어 주고 믿어 주는 든든한 '코치'인 아버지가 계시기 때문입니다.

이 책은 부모라는 낯선 길 위에서 정답을 찾으려 애쓰는 모든 분께 건네는 다정한 응원가입니다. 저희 아버지가 그러하셨듯, 통제의 지휘봉을 내려놓고 신뢰의 나침반을 들 때 아이의 우주가 어떻게 스스로 빛나기 시작하는지 이 책이 생생하게 증명해 줍니다. 아버지의 성장이 곧 아들인 저의 행복과 용기가 되었듯, 이 책을 읽는 모든 가정에 눈부신 항해의 기쁨이 함께하기를 간절히 응원합니다.

아버지를 사랑하는 아들 장현익

 아이의 뇌에 긍정의 회로를 심는 부모 코칭 에세이

서툰 지도를 든 부모들에게 건네는
과학적이면서도 따뜻한 나침반

**장세호 박사의『아이의 뇌에 긍정의 회로를 심는 부모 코칭 에세이』를
추천하며**

이 책의 첫 장을 펼쳤을 때, 나는 10여 년 전 장세호 박사를 처음 만났던 순간을 떠올렸습니다. 당시 그는 목회 현장에서 수많은 아이들과 부모를 만나며 "왜 사랑한다고 말하면서도 상처를 주게 되는가"라는 절박한 물음을 품고 있었습니다. 그로부터 오랜 시간이 흐른 지금, 그 물음에 대한 과학적이면서도 인간적인 답이 바로 이 책에 담겨 있습니다.

현대 부모들은 역사상 그 어느 때보다 많은 정보와 교육이론에 노출되어 있지만, 역설적으로 그 어느 때보다 깊은 불안과 무력감을 경험하고 있습니다. '좋은 부모'가 되어야 한다는 강박, '완벽한 양육'을 해내지 못하면 아이의 인생이 실패할 것이라는 두려움, 그리고 내 안의 상처가 아이에게 대물림될까 하는 죄책감. 이러한 정서적 짐들이 부모를 지치게 만들고, 그 지침은 고스란히 아이에게 전달됩니다.

장세호 박사는 이 책에서 부모 교육의 패러다임을 근본적으로 전환합니다. '아이를 어떻게 고칠 것인가'가 아니라 '아이를 온전한 주체로 어떻게 신뢰할 것인가', '부모인 나 자신을 어떻게 치유하고 성장시킬 것인가'로 질문의 방향을 바꿉니다. 이는 단순한 기술의 전수가 아니라 관계의 철학을 바꾸는 혁명입니다.

특히 이 책의 가장 큰 강점은 최신 신경과학 연구와 코칭심리학의 핵심 원리를 일상의 언어로 풀어냈다는 점입니다. 전두엽의 CEO 기능, 편도체의 감정 조절, HRV(심박변이도)와 같은 뇌 과학 개념들이 어렵고 건조한 이론이 아니라, 아침 식탁에서 아이와 나누는 대화, 잠들기 전 10분의 마음 비추기, 갈등 상황에서의 '부드러운 시작'이라는 구체적인 실천으로 연결됩니다.

저자는 15년 이상의 현장 경험에서 우러난 'zzang's 마음 편지'를 통해 독자인 부모들의 고단한 마음을 따뜻하게 어루만집니다. "완장 대신 운동화를 신기로 결심한 당신에게", "독이 묻은 화살을 내려놓고, 다정한 디딤돌을 놓는 당신에게"와 같은 문장들은 단순한 수사가 아니라, 부모 자신이 먼저 자기 자비(Self-Compassion)를 경험하게 하는 치유의 언어입니다.

나는 해병대에서 11,600개의 문장을 분석하며 리더십의 본질을 탐구했고, 수백 명의 코칭심리 전문가를 양성해 왔습니다. 그 과정에서 깨달은 것은 진정한 리더십과 코칭의 핵심이 '통제'가 아니라 '신뢰'에 있다는 사실입니다. 이 책은 바로 그 신뢰의 과학을 가정이라는 가장 중요한 조직에 적용한 탁월한 안내서입니다.

 아이의 뇌에 긍정의 회로를 심는 부모 코칭 에세이

장세호 박사가 제시하는 '부모 코칭의 3대 핵심 기술' — 경청, 질문, 인정과 격려 — 은 단순해 보이지만, 그 이면에는 아이의 자율성과 자기결정성을 키우고 전두엽의 실행 기능을 활성화시키는 정교한 뇌 과학적 메커니즘이 작동합니다. "왜 그랬어?"라는 취조의 언어를 "어떻게 하면 좋을까?"라는 코칭의 언어로 바꿀 때, 아이의 뇌에서는 문자 그대로 새로운 신경망이 형성되기 시작합니다.

이 책이 특별한 또 다른 이유는 '부모의 행복'을 코칭의 완성으로 제시한다는 점입니다. 많은 부모 교육서들이 아이의 변화에만 초점을 맞추는 것과 달리, 저자는 "부모가 먼저 행복의 주체가 되어야 아이도 행복을 배운다"는 본질적 진리를 강조합니다. 희생이라는 이름의 족쇄를 벗고, 나 자신의 상처를 치유하며, '충분히 좋은 부모(Good Enough Parent)'로서의 자유를 누릴 때, 비로소 지속 가능한 행복한 가정이 만들어집니다.

현장에서 검증된 실천 도구들 — 부모 효능감 자가진단, 가족 대화 패턴 체크리스트, 우리 가족 화목 마실, 비전 맵 만들기 — 은 독자들이 이 책을 단순히 읽고 감동하는 데 그치지 않고, 실제 삶에서 변화를 만들어 낼 수 있게 합니다.

2026년 새해의 문턱에서 이 책을 만나게 될 부모들에게 이것만은 꼭 전하고 싶습니다. 여러분은 이미 충분히 좋은 부모입니다. 완벽한 매뉴얼을 찾으려 애쓰지 마십시오. 대신 이 책이 제시하는 '신뢰의 나침반'과 '평온의 닻'을 마음에 새기십시오. 아이를 고치려 하지 말고, 아이 안에 이미 존재하는 해결의 힘을 믿어 주십시오. 그리고 무엇보다, 서툴고 불완전한 자신을 먼저 다정하게 안아 주십시오.

장세호 박사는 내가 지도했던 1호 박사이기 이전에, 교육 현장에서 치열하게 고민하고 실천해 온 부모이자 동료 연구자입니다. 그의 이 책은 학술적 엄밀함과 현장의 생생함, 과학적 근거와 인간적 따뜻함이 조화롭게 어우러진 보기 드문 저작입니다.

서툰 지도를 들고 낯선 길을 걷고 있는 모든 부모들에게, 이 책이 과학적이면서도 따뜻한 나침반이 되어 줄 것을 확신하며 기쁜 마음으로 추천합니다.

2026년 3월

신홍규

광신대학교 코칭심리학과 주임교수

前 해병대 리더십 센터장

　　　　아이의 뇌에 긍정의 회로를 심는 부모 코칭 에세이

부모라는 이름으로 함께 자라 가는 당신에게: 낮선 길 위에서 지도를 펴 든 우리를 위하여

아이가 잠든 고요한 밤, 열린 문틈 사이로 새어 나오는 작은 숨소리를 들으며 거울 앞에 서 본 적이 있습니다. 거울 속에는 아이에게 불필요한 화를 내고 난 뒤의 서글픈 표정, 혹은 '어떻게 가르쳐야 할지 몰라' 막막함이 가득 담긴 낮선 한 사람의 눈빛이 있었습니다. 그때 저는 깨달았습니다. 우리는 세상에 나올 때 부모라는 이름표를 달고 나오지만, 그 이름표에 걸맞은 '사용 설명서'는 어디에도 없었다는 사실을요.

얼마 전, 지인과 함께 차를 타고 가다 문득 내비게이션이 없던 시절의 이야기를 나누게 되었습니다. 당시에는 종이 지도를 펼쳐 놓고 손가락으로 한 줄 한 줄 짚어 가며 어렵사리 길을 찾아가곤 했지요. 지도는 앞서 그 길을 걸어갔던 누군가의 소중한 경험치가 정교하게 그려진 기록입니다. 하지만 아무리 훌륭하고 상세하게 그려진 지도라 할지라도, 그 길을 처음 마주하는 이에게는 여전히 낮설고 두렵기만 한 법입니다. 부모가 된다는 것 역시 이와 같지 않을까 생각했습니다. 선배 부모들이 남겨 놓은 수많은 조언과 지침이 지도가 되어 우리 손에 쥐어져 있지만, 처음 마주하는 내 아이와의 길 위에서 우리는 여전히 길을 잃고 당황하곤 합니다.

박사 학위를 받고, 조금이라도 더 나은 길을 안내하고 싶은 간절한 마음에 수많은 교육학 이론을 섭렵하기 위해 끊임없이 노력해 왔습니다. 하지만 그 치열한 노력에도 불구하고, 현실 육아라는 거친 파도 앞에서는 저 역시 때때로 나침반을 놓치고 흔들리는 평범한 한 사람일 뿐이었습니다. 저 또한 완벽을 강조하던 집안의 공기 속에서 발표 순서만 되면 손을 떨며 숨이 막혔던 여덟 살 소년의 기억을 가슴 한구석에 품고 살고 있으니까요.

우리는 자녀의 성장 단계마다 매번 새로운 지도를 받아 듭니다. 세상이 온통 신기한 유치원생 아이에게는 세상이 안전하다는 믿음을 주는 '안전 기지'가 되어야 하고, 학교라는 작은 사회에 첫발을 내디딘 초등학생 아이에게는 실수를 통해 배움을 얻는 '성장 마인드셋'의 길잡이가 되어 주어야 합니다. 그리고 폭풍 같은 사춘기를 지나며 자신만의 길을 찾아 나서는 중·고등학생 자녀에게는 지시자가 아닌, 수평적인 시선에서 미래를 함께 고민하는 든든한 '파트너'가 되어야 합니다. 각기 다른 지형을 통과할 때마다 우리는 "내가 정말 잘하고 있는 걸까? 좋은 부모가 될 수 있을까?"라는 질문을 멈출 수 없습니다.

이 책은 바로 그 막막한 질문들에 대한 답을 찾기 위해 시작되었습니다. 그리고 그 답의 핵심은 의외로 간단하지만 강력한 곳에 있었습니다. 바로 '부모 코칭(Parent Coaching)'입니다.

코칭은 아이를 깎고 다듬어 부모가 원하는 모양으로 만드는 기술이 아닙니다. 오히려 부모라는 거울을 맑게 닦아 내는 과정에 가깝습니다. 부모가 자신의 감정을 다스리는 법을 배우고 아이의 잠재력을 믿

　　　　　　　　　아이의 뇌에 긍정의 회로를 심는 부모 코칭 에세이

어 주는 눈을 가질 때, 아이는 부모라는 따뜻한 햇살 아래서 스스로 꽃을 피워 냅니다. 부모의 언어 습관이 아이의 자존감이라는 뿌리가 되고, 부모의 삶을 대하는 태도가 아이의 미래라는 줄기가 됩니다.

저는 이 책을 통해 당신에게 '완벽한 부모'가 되라고 다그치고 싶지 않습니다. 완벽이라는 신화는 때로 부모와 아이 모두를 숨 막히게 하니까요. 대신 저는 어제보다 아주 조금씩 '성장하는 부모'가 되자고 제안합니다. 국내의 한 의미 있는 연구(우동옥, 2019)에 따르면, 부모가 코칭의 마음가짐을 갖추는 것만으로도 자녀와의 부정적인 의사소통은 눈에 띄게 줄어들며, 관계의 질은 획기적으로 개선됩니다. 열 번 싸울 일을 여덟 번 이하로 줄여 주는 이 작은 변화가, 결국 한 가정의 공기를 바꾸는 기적의 시작이 됩니다.

부모가 행복해야 자녀도 행복합니다. 이 자명한 진리를 가슴에 품고, 이제 저와 함께 부모 코칭이라는 여정을 시작해 보시겠습니까? 이 책이 당신의 가정에 작은 평화의 이정표가 되고, 아이와 마주 앉아 진심으로 웃을 수 있는 따뜻한 쉼터가 되기를 간절히 소망합니다.

아이의 손을 잡기 전, 먼저 당신의 고단한 마음을 가만히 안아 주세요. 낯선 길 위에서 서툰 지도를 펴 든 당신의 그 귀한 성장의 길에, 이 책이 가장 든든하고 다정한 동반자가 되어 드릴 것입니다.

차례

PART 1. 부모 교육, 인식을 넘어 변화로

01 부모의 말과 태도가 만드는 아이의 내면 세계

02 '완벽한 부모'라는 신화에서 벗어나기

03 왜 지금 '코칭'인가?

PART 2. 관계 진단: 우리 가족의 현재 위치는 어디인가?

01 관계 GPS: 우리 관계는 지금 어디에 있나?

02 대화의 습관이 관계의 거리를 결정한다

03 갈등은 성장의 신호다

PART 1

부모 교육, 인식을 넘어 변화로

01

부모의 말과 태도가 만드는
아이의 내면 세계

1) 부모의 언어가 자녀의 신경망을 결정한다:
'결과'가 아닌 '태도'를 칭찬해야 하는 이유

말이 씨가 되어 뇌에 뿌리내릴 때

부모가 자녀에게 건네는 말은 단순히 공기를 울리고 사라지는 파동이 아닙니다. 우리가 건네는 말 한마디는 공기 중으로 흩어지는 소리에 그치지 않고, 아이의 뇌 속에 물리적인 신경 회로를 만드는 재료가 됩니다. 그것은 아이의 뇌라는 말랑말랑한 점토 위에 무늬를 새기는 '언어의 조각칼'과 같습니다. 부모님들과 함께 고민하며 마음의 원리를 공부할 때, 제가 가장 깊이 감동했던 지점이 하나 있습니다. 바로 부모님이 매일 건네는 사소한 말 한마디가 아이의 머릿속에 아주 세밀하고도 거대한 신경망 지도를 그려 나가는 결정적인 밑그림이 된다는 사실이었습니다.

우리가 아이에게 쏟아 내는 수많은 단어 중 어떤 것은 아이의 자존

　아이의 뇌에 긍정의 회로를 심는 부모 코칭 에세이

감을 지탱하는 든든한 기둥이 되고, 어떤 것은 평생을 가두는 투명한 감옥이 되기도 합니다. 그렇다면 과연 우리의 언어는 아이의 뇌 안에서 어떤 마법을 부리고 있는 걸까요?

뇌 속에 흐르는 보이지 않는 고속도로

아이의 뇌는 태어나는 순간부터 부모의 언어적 자극을 자양분 삼아 자라납니다. 만약 아이가 무언가 새로운 시도를 하다 실수했을 때 부모가 날카로운 지적을 하거나 차가운 시선을 보낸다면 어떤 일이 벌어질까요? 아이의 뇌는 즉각적으로 '생존의 위협'을 감지합니다. 이때 뇌 깊숙한 곳에서는 스트레스 호르몬인 코르티솔이 뿜어져 나오고, 공포를 담당하는 '편도체'가 비명을 지르듯 활성화됩니다. 이때 아이의 뇌는 '기대에 미치지 못하면 어쩌지?'라는 불안의 비상벨을 울리며 성장을 멈추고 생존 모드로 전환됩니다.

이런 경험이 반복되면 뇌의 신경가소성(Neuroplasticity) 원리에 의해 아이의 머릿속에는 '실수 = 위험 = 비난'이라는 강력하고 견고한 신경 회로가 고속도로처럼 넓고 탄탄하게 닦이게 됩니다. 일단 이 '공포의 고속도로'가 개통되면, 아이는 성인이 되어서도 새로운 도전을 만날 때마다 설렘보다는 '틀리면 어쩌지?'라는 마비적인 불안을 먼저 느끼게 됩니다. 부모의 무심한 말 한마디가 아이의 뇌에 평생 지우기 힘든 심리적 족쇄를 채울 수도 있는 것입니다.

칭찬의 달콤한 함정: "넌 참 똑똑해"

우리는 흔히 아이를 응원하기 위해 "넌 정말 똑똑하구나!"라는 칭찬을 아끼지 않습니다. 하지만 스탠퍼드 대학교의 심리학자 캐롤 드웩(Carol Dweck)의 연구는 이 달콤한 칭찬이 오히려 독이 될 수 있음을 경고합니다. 지능이나 재능 같은 '고정된 결과'에 집중된 칭찬은 아이를 결과의 노예로 만듭니다. '똑똑하다'는 평가를 잃지 않으려 어려운 과제는 아예 시작조차 하지 않는 고정 마인드셋(Fixed Mindset)에 갇히게 되는 것이죠.

반면, "네가 끝까지 포기하지 않고 노력하는 과정이 정말 멋지다"라고 '태도'와 '과정'을 비추어 준 아이들은 성장 마인드셋(Growth Mindset)이라는 새로운 고속도로를 닦기 시작합니다. 이 아이들에게 실패는 부끄러운 결말이 아니라, 다음 성장을 위한 '배움의 이정표'가 됩니다. 부모가 어떤 언어의 씨앗을 뿌리느냐에 따라 아이의 사고방식과 삶을 대하는 태도가 결정되는 것입니다.

부모라는 이름의 위대한 도로 건설가

다행히 이 뇌 속의 고속도로는 언제든 다시 공사할 수 있습니다. 부모가 일방적으로 가르치는 지시자가 아니라 아이의 가능성을 믿고 지지하는 '코치'가 될 때, 아이의 뇌에는 도전을 즐기는 새로운 회로가 생거납니다.

국내의 한 흥미로운 연구(우동옥, 2019)에서는 부모의 코칭 역량이 높아질 때 부정적인 대화가 약 14.7%나 줄어든다는 고무적인 수치를 보여 줍니다. 이는 우리가 조금만 노력해도 가정의 공기를 바꿀 수 있다는 희망의 증거입니다. 부모가 긍정적인 언어를 사용할수록 자녀의 자존감과 자기 효능감은 마치 봄날의 새싹처럼 힘차게 돌아납니다.

오늘 밤, 아이에게 건네는 "오늘 네가 그 일을 해내려고 애쓰는 모습이 참 아름다웠어"라는 다정한 말 한마디. 그것은 아이의 뇌 속에 '회복탄력성'이라는 세상에서 가장 튼튼한 고속도로를 놓아 주는 첫 번째 벽돌이 될 것입니다.

2) 삶을 대하는 태도의 대물림: 내 손을 떨게 했던 아버지의 그림자

창가에 얼어붙은 2학년 교실의 기억

기억의 책장을 넘겨 8살 소년이었던 저를 만나러 갑니다. 창가로 스며드는 따스한 오후 햇살이 무색하게도, 당시 2학년 교실은 제게 거대한 빙벽과 같았습니다. 저는 당시 드물게 유치원을 3년이나 다니며 이미 글자를 완벽히 뗐던 터라 책을 읽는 것쯤은 아주 쉬운 일이었지요.

하지만 제 차례가 다가올수록 교실의 공기는 점차 차갑게 얼어붙었습니다. 심장은 요동치기 시작했고, 책을 쥐고 있던 손은 사시나무 떨듯흔들렸으며 입술은 바짝 말라 목소리조차 제대로 나오지 않았습니다.

겨우 한 문장을 읽어 내려갔을 때 느꼈던 그 수치심과 두려움, 그리고 아이들의 작은 웃음소리조차 비수처럼 꽂히던 그날, 어린 제 마음에는 '나는 역시 발표를 못 하는 아이구나'라는 무거운 낙인이 찍혔습니다. 그런데 흥미로운 사실은, 아버지가 저에게 단 한 번도 "너는 발표를 못 해"라거나 "사람들 앞에 서지 마"라고 말씀하신 적이 없다는점입니다. 오히려 아버지는 제가 더 잘하기를 바랐을 뿐입니다.

말보다 강한 '공기'의 힘, 모델링

아버지는 제게 단 한 번도 모진 말씀을 하신 적이 없습니다. 그런데왜 어린 시절의 저는 발표 차례만 다가오면 그토록 숨이 막혔을까요? 그것은 아버지가 삶을 대하던 '완벽'이라는 공기를 제가 그대로 호흡하며 자랐기 때문입니다. 집안 곳곳에 스며 있던 '틀려서는 안 된다','무조건 완벽해야 한다'는 아버지의 단호한 원칙들은 굳이 말로 표현되지 않아도 충분히 무거웠습니다. 성적표를 내밀기 전 거실을 가득채웠던 서늘한 정적, 아버지의 무거운 구두 소리만 들려도 숨을 죽여야 했던 어린 날의 긴장감이 제 손끝에 그대로 남았습니다. 아버지가차마 입 밖으로 내뱉지 않은 그 말들은 어느새 제 내면에 거대한 그림

    아이의 뇌에 긍정의 회로를 심는 부모 코칭 에세이

자가 되어 단단한 벽을 쌓아 올렸습니다.

이것이 바로 '모델링(Modeling)'이 가진 소리 없는 힘입니다. 아이는 부모의 입술 끝에서 나오는 훈계보다, 부모의 삶이 뿜어내는 보이지 않는 기운과 태도를 훨씬 더 빠르게 흡수합니다. 이것은 단순한 모방이 아니라, 부모의 정서적 주파수가 아이의 뇌로 그대로 전이되는 과정입니다. 아버지는 제게 '완벽주의'라는 삶의 유산을 남겨 주셨고, 저는 그것을 '발표 공포'라는 한계로 내면화했던 것입니다. 결국 아이는 부모라는 거울을 통해 세상을 배우고, 그 거울에 비친 자신의 모습을 보며 자신의 정체성을 빚어 나갑니다.

그림자를 걷어 내는 코칭의 힘

다행히 이 무거운 대물림의 사슬은 끊어 낼 수 있습니다. 전문적인 코칭의 세계는 제가 스스로 쌓아 올린 이 단단한 한계의 벽을 깨뜨리는 강력한 망치가 되어 주었습니다. 부모가 일방적으로 지시하고 완벽을 강요하는 '감독관'의 자리를 내려놓고, 자녀의 무한한 잠재력을 믿어 주는 '조력자'이자 '코치'가 될 때 아이의 내면에서는 놀라운 변화가 시작됩니다.

심리학자와 교육학자들이 수행한 여러 연구를 살펴보면, 부모의 코칭 리더십이 아이의 자기조절 능력을 깨우는 강력한 마중물이 된다는 사실을 알 수 있습니다. 부모가 "틀려도 괜찮아, 그 과정에서 무엇을 배웠니?"라고 묻는 순간, 아이의 뇌는 공포 모드를 해제하고 스스로 목표를 향해 나아가는 '자기주도적 성장'의 궤도에 올라서게 됩니다. 부모가 먼저 변화하여 자신의 모습을 점검하고 실천할 때, 자녀도 자연스럽게 그 변화를 따라가게 되는 것이지요.

결국 제가 떨리는 손을 부여잡고 교실 뒤편으로 숨고 싶어 했던 이유는 능력이 부족해서가 아니었습니다. 단지 '틀리면 안 된다'는 강박의 고속도로를 달리고 있었을 뿐입니다. 이제 우리는 아이에게 완벽이라는 족쇄 대신, 코칭이라는 날개를 달아 주어야 합니다. 부모가 먼저 성장하는 모습을 보일 때, 아이는 비로소 부모가 만든 그림자를 벗어나 자신만의 빛을 찾아 나갈 수 있습니다.

3) 감정 조절 능력은 '학습'되는 것이다:
거울이 되어 주는 부모

아이는 부모라는 거울을 보고 마음을 빚는다

부모는 자녀의 정서 발달에 있어 세상에서 가장 중요한 '정서적 거울'입니다. 아이는 자신이 어떤 사람인지, 세상이 안전한 곳인지, 그리고 휘몰아치는 감정을 어떻게 다스려야 하는지를 부모라는 거울을 통해 배우며 자라납니다.

   아이의 뇌에 긍정의 회로를 심는 부모 코칭 에세이

우리가 흔히 오해하는 것 중 하나는 감정 조절 능력이 타고난 기질이라고 믿는 것입니다. 하지만 감정 조절은 본능이 아니라 정교하게 '학습'되는 영역입니다. 세계적인 심리학자 존 가트맨(John Gottman) 박사는 부모가 자녀의 감정을 포착하고 이를 공감해 주는 '감정 코칭'이 아이의 회복탄력성을 높이는 핵심이라고 강조합니다. 부모가 아이의 슬픔이나 분노를 회피하지 않고 하나의 교육 기회로 삼을 때, 아이는 자신의 감정을 수용하고 다스리는 법을 익히게 됩니다.

부모의 평온함이 아이에게는 가장 큰 수업이다

아이는 부모의 훈계보다 부모의 '뒷모습'에서 더 많은 것을 배웁니다. 부모가 삶의 고단함 속에서도 자신의 화나 불안을 다스리며 여유로운 태도를 보일 때, 자녀는 그 모습을 보며 자연스럽게 자신의 정서를 안정시키는 법을 학습합니다. 이것은 백 마디 말보다 강력한 모델링의 힘입니다.

일상의 한 장면을 떠올려 보십시오. 아이의 실수로 화가 치밀어 오르는 순간, 우리는 감정을 폭발시키거나 억누르는 대신 이렇게 말할 수 있습니다. "지금 엄마(아빠)가 조금 속상하고 화가 났어. 하지만 잠시 마음을 가라앉히고 나서 다시 이야기해 볼게."

이 짧은 한마디를 내뱉는 순간, 아이는 인생에서 가장 값진 '정서 조절'이라는 수업을 실시간으로 듣고 있는 셈입니다. 부모가 스스로 감정을 조절하고 해결책을 찾아가는 과정 자체가 아이에게는 정서적 안전지대가 됩니다.

데이터가 증명하는 변화: 관계의 눈부신 도약

제가 주목한 것은 이러한 부모의 변화가 가져오는 실질적인 수치입니다. 연구에 따르면 부모가 먼저 변화하여 긍정적인 의사소통 역량을 갖출 때, 자녀와의 부정적인 대화는 부정적인 대화가 무려 14.7%나 줄어들었습니다. 이것은 단순한 숫자가 아니라, 부모가 맑은 거울이 되어 주기로 결심할 때 일어나는 관계의 기적입니다.

부모가 감정 코칭 역량을 키우면 자녀의 자존감이 높아질 뿐만 아니라, 갈등 대처 능력 또한 통계적으로 유의미하게 향상됩니다. 부모가 아이의 마음을 읽어 주는 거울이 되어 줄 때, 가정은 단순히 먹고 자는 공간을 넘어 아이의 정서가 건강하게 자라나는 비옥한 토양이 됩니다.

결국 부모가 행복해야 자녀도 행복하다는 말은 과학적인 사실에 기반합니다. 부모가 먼저 자신의 감정을 돌보고 성장하려는 태도를 가질 때, 자녀는 그 따뜻한 거울 속에 비친 자신의 모습을 사랑하며 건강한 어른으로 자라나게 될 것입니다.

낯선 길 위에서, 자신만의 거울을 닦는 당신에게

오늘 아이와 마주하며 어떤 말의 씨앗을 심으셨나요? 혹시 내 안의 낡은 그림자 때문에 아이의 맑은 눈을 제대로 바라보지 못한 것은 아니었는지요.

■ 결과보다 '과정'의 땀방울을 읽어 주세요

"잘했어"라는 짧은 마침표보다 "이만큼 해내느라 정말 애썼구나"라는 격려를 건네 보세요. 그 한마디가 아이의 전두엽을 깨우는 가장 비옥한 토양이 됩니다.

■ 당신의 '떨림'을 다정하게 안아 주세요

육아가 유독 버겁게 느껴지는 순간이 있다면 그것은 당신의 잘못이 아닙니다. 당신 안의 어린아이가 보내는 구조 신호일지도 모릅니다. 나를 먼저 용서하고 다독여 주는 것이 코칭의 진정한 시작입니다.

감정의 파도가 덮쳐 올 때 딱 3초만 호흡하며 멈춰 보세요. 그 짧은 정적 속에서 비명 지르던 편도체는 안정을 찾고, 당신은 다시 아이를 비추는 따뜻한 거울이 될 수 있습니다.

> "당신이 평온해질 때, 아이의 세상은 비로소
> 안전한 항구가 됩니다."

02

'완벽한 부모'라는 신화에서 벗어나기

1) 완벽이라는 이름의 족쇄: 양육 스트레스의 민낯

세상에서 가장 무거운 배낭, '완벽'

우리는 부모가 되는 순간, 생전 처음 경험해 보는 무게의 배낭 하나를 어깨에 짊어지게 됩니다. 그 배낭 안에는 자녀를 향한 무한한 사랑과 책임감, 그리고 무엇보다 '완벽해야 한다'는 서슬 퍼런 강박이 가득 들어차 있습니다. 이 강박은 부모로서의 유능감을 증명하려는 보이지 않는 채찍질이 되어, 스스로를 끊임없이 검열하고 몰아붙이게 만듭니다. 아이에게 세상에서 가장 좋은 환경을 만들어 주고 최고의 교육을 제공하며, 단 한 치의 오차도 없는 완벽한 보호자가 되겠다는 결심 말이지요. 이 결심은 처음엔 숭고한 빛을 띠며 우리를 고무시키지만, 시간이 흐를수록 부모의 살을 파고드는 날카로운 가시가 되어 돌아오곤 합니다.

사실 '완벽한 부모'라는 목표는 애초에 도달할 수 없는 닿을 수 없는 이상향과 같습니다. 그럼에도 불구하고 많은 부모가 이 허상을 쫓느라 정작 중요한 '나 자신'과 '아이와의 관계'를 잃어버리곤 합니다. 오랜 시간 부모 교육 현장에서 부모님들의 절실한 목소리를 듣고, 관련된 여러 연구 결과들을 세심하게 살펴보며 마주한 안타까운 진실은, 완벽을 추구하면 할수록 부모는 오히려 더 깊은 무력감과 자책의 늪에 빠진다는 사실이었습니다.

완벽의 역설: 정교하게 닦을수록 깨지기 쉬운 마음

아이러니하게도 완벽주의적 성향이 강한 부모일수록 더 높은 수준의 양육 스트레스에 시달립니다. "나는 완벽해야 해"라는 생각은 곧 "실수하면 끝장이야"라는 공포와 맞닿아 있기 때문입니다.

연구 결과에 따르면, 부모의 코칭 역량이 낮고 완벽주의에 매몰되어 있을수록 스스로 부모 노릇을 잘하고 있다는 믿음인 '부모 효능감(Parental Self-Efficacy)'은 바닥으로 떨어집니다. 효능감이 떨어진 자리에는 날 선 분노와 짜증이 들어차게 됩니다. 실제로 부모 코칭 프로그램 참여 전후를 비교한 데이터는 이를 명확히 보여 줍니다. 완벽주의에 갇힌 부모는 사소한 갈등 상황에서도 분노 지수가 급격히 높아지는 경향을 보이며, 이는 결국 아이를 향한 폭발적인 화나 짜증으로 이어집니다.

이것이 바로 제가 말하는 '완벽의 역설'입니다. 아이를 너무나 사랑

   아이의 뇌에 긍정의 회로를 심는 부모 코칭 에세이

해서, 아이에게 완벽한 부모가 되고 싶어서 자신을 채찍질했지만, 그 결과는 인내심의 바닥과 아이를 향한 고함으로 나타나는 비극입니다. 정교하게 닦으려 노력할수록 마음의 그릇은 더 쉽게 깨져 버리고, 그 파편은 고스란히 아이의 가슴에 박히게 됩니다. 부모가 완벽의 벽을 높이 쌓을수록, 아이는 그 벽 아래에서 숨 막히는 긴장감을 호흡하며 자라게 됩니다.

배낭을 내려놓아야 비로소 보이는 것들

우리가 짊어진 '완벽'이라는 무거운 배낭을 내려놓지 않는 한, 자녀와 진정으로 소통하기란 불가능합니다. 어깨가 무거우면 시선은 발밑의 돌부리에만 고정될 뿐, 곁에서 걷고 있는 아이의 표정을 살필 여유가 없기 때문입니다.

연구에 따르면 부모가 코칭 기술을 배우고 자신의 감정을 돌보기 시작할 때, 양육 스트레스는 통계적으로 유의미하게 감소하며 부모 효능감은 비약적으로 향상됩니다. 부모가 완벽주의의 족쇄를 풀고 "나도 실수할 수 있는 인간이며, 지금 이대로도 충분히 애쓰고 있다"라고 자신을 수용하는 순간, 아이와의 관계에는 비로소 훈풍이 불기 시작합니다.

완벽해지려는 노력을 멈추고 '성장하려는 마음'을 가질 때, 부모는 비로소 자유로워집니다. 그리고 그 자유로움 속에서 아이는 부모의 팽팽한 긴장감이 아닌, 넉넉하고 따뜻한 품을 경험하며 자라나게 됩니다.

2) 부모의 불안은 어떻게 아이의 삶으로 스며드는가: 사랑이라는 이름의 그림자

말하지 않아도 전해지는 마음의 주파수

부모의 마음속에 소리 없이 고인 불안은, 결코 그곳에만 머무르는 법이 없습니다. 우리는 부모로서 자신의 불안을 감추기 위해 부단히 노력합니다. 애써 미소를 짓고, 다정한 말투로 아이를 대하며 나의 초조함을 들키지 않으려 애씁니다. 하지만 아이들의 정서적 안테나는 우리가 상상하는 것보다 훨씬 예민하고 정교합니다.

아이들은 부모의 화려한 미사여구보다, 찰나에 스쳐 지나가는 경직된 표정, 무의식중에 새어 나오는 무거운 한숨, 그리고 흔들리는 눈빛을 통해 부모의 진심을 읽어 냅니다. 부모가 숨기려 했던 그 내밀한 불안은 보이지 않는 감정의 파동이 되어 아이의 마음으로 고스란히 흘러 들어갑니다. 이것이 바로 제가 말하는 '불안의 그림자 전이'입니다. 부모가 아이의 미래를 걱정하며 조급해하는 순간, 아이는 부모의 언어가 아닌 그 밑에 깔린 '불안의 공기'를 흡수하게 됩니다.

    아이의 뇌에 긍정의 회로를 심는 부모 코칭 에세이

아이의 뇌에 수신되는 위험 신호

부모의 불안을 수신한 아이의 뇌에서는 조용한 비명이 터져 나옵니다. 이 비명은 겉으로 드러나지 않지만, 아이의 무의식 속에 '세상은 안전하지 않다'는 불안의 씨앗을 깊게 심어 놓습니다. "세상은 네가 생각하는 것보다 훨씬 위험한 곳이야", "너는 아직 혼자서 무언가를 해내기에 부족한 존재야"라는 무의식적인 신호를 수신하게 되는 것이죠. 부모가 던지는 "너 이거 정말 할 수 있겠어?"라는 다정한 걱정조차, 불안이라는 필터를 거치면 아이에게는 "너를 믿지 못하겠다"는 불신으로 번역됩니다.

이러한 메시지가 반복되면 아이의 머릿속에는 '불안의 고속도로'가 개통됩니다. 이 고속도로를 타고 달리는 아이는 자신의 능력을 신뢰하기보다 타인의 눈치를 먼저 살피게 됩니다. 부모가 닦아 놓은 완벽주의라는 궤도를 이탈하지 않기 위해 안간힘을 쓰느라, 정작 자신이 가고 싶은 길을 찾을 여유를 잃어버리는 것입니다.

공포를 유산으로 남기지 않으려면

부모의 완벽주의는 아이에게 '실패하면 인생이 끝난다'는 마비적인 공포를 유산으로 남깁니다. 실패를 성장의 발판으로 삼는 대신, 존재의 부정으로 받아들이게 만드는 것이죠. 우리가 완벽이라는 기준을

높게 세우고 그것에 도달하지 못할까 봐 전전긍긍하는 동안, 아이는 스스로 날개를 펼치고 파란 하늘을 날아오를 소중한 기회를 조금씩 박탈당하고 있는지도 모릅니다.

연구에 따르면 부모의 코칭 역량 중에서도 특히 자신의 감정을 인식하고 다스리는 역량이 높을수록, 이러한 불안의 전이는 현저히 낮아집니다. 부모가 먼저 자신의 불안을 정면으로 마주하고 "이것은 아이의 문제가 아니라 나의 문제"임을 인정할 때, 비로소 아이를 향한 불안의 전염이 멈추게 됩니다.

아이에게 줄 수 있는 가장 위대한 정서적 유산은 부모의 완벽함이 아니라, 부모가 보여 주는 평온함과 신뢰입니다. 부모가 불안의 그림자를 걷어 내고 아이의 속도를 묵묵히 지켜봐 줄 때, 아이는 비로소 실패를 두려워하지 않는 단단한 자아를 가진 존재로 우뚝 설 수 있습니다.

3) '충분히 좋은 부모(Good Enough Parent)'가 주는 자유

완벽이라는 감옥에서 걸어 나오기

우리는 끊임없이 스스로에게 묻습니다. "나는 정말 좋은 부모일까?" 이 질문은 때로 우리를 자책의 늪으로 밀어 넣습니다. 하지만 이제 질문의 방향을 조금 바꾸어 보아야 합니다. "우리는 정말 '완벽한' 부모

　　아이의 뇌에 긍정의 회로를 심는 부모 코칭 에세이

여야만 할까?"

영국의 저명한 소아과 의사이자 정신분석학자인 도널드 위니콧 (Donald Winnicott)은 부모들에게 혁명과도 같은 개념 하나를 선물했습니다. 바로 '충분히 좋은 부모(Good Enough Parent)'입니다. 위니콧은 아이에게 필요한 존재는 결점 하나 없는 '완벽한 신'이 아니라고 말합니다. 오히려 때로는 실수도 하고, 아이의 요구를 즉각적으로 들어주지 못할 때도 있지만, 그 빈틈을 통해 다시 아이와 연결되려 노력하는 '인간적인 부모'가 아이에게는 훨씬 더 유익하다는 것입니다. 부모의 불완전함은 아이가 스스로 세상을 탐구하고, 자신의 실수를 수용할 수 있는 넉넉한 마음의 공간을 만들어 주기 때문입니다. 부모가 완벽하지 않기에 아이는 그 틈 사이에서 스스로 세상을 견디고 해결하는 법을 배우며 독립적인 존재로 자라날 수 있기 때문입니다.

나를 믿는 힘, 부모 효능감의 기적

'충분히 좋은 부모'가 된다는 것은 단순히 노력을 멈추는 것이 아닙니다. 그것은 완벽이라는 허상을 포기하는 대신, '부모 효능감 (Parental Self-Efficacy)'이라는 단단한 무기를 선택하는 과정입니다. 부모 효능감이란 부모로서 마주하는 여러 문제와 도전 들을 내가 충분히 잘 해낼 수 있다는 스스로에 대한 믿음입니다.

제가 분석한 수많은 연구 데이터는 이 효능감의 힘을 명확히 증명합니다. 부모 코칭 프로그램을 통해 스스로에 대한 신뢰, 즉 부모 효능감이 향상된 부모들은 이전보다 양육 스트레스와 불안 수준이 통계적으로 유의미하게 감소하는 결과를 보였습니다. 불안이 걷힌 자리에는 아이를 향한 여유로운 시선이 들어차고, 이는 곧 자녀와의 긍정적인 상호작용으로 직결됩니다. 내가 완벽하지 않아도 괜찮다는 믿음이 생길 때, 비로소 부모는 양육의 중압감에서 벗어나 진정한 '정서적 해방감'을 얻게 되는 것입니다.

실수, 인생의 가장 큰 비밀을 가르치는 수업

완벽을 추구하는 부모는 자녀의 실패를 결코 용납하지 못합니다. 자녀의 실수를 곧 자신의 실패로 여기기 때문입니다. 하지만 성장하는 부모는 자신의 실수조차 아이에게 훌륭한 '배움의 모델'로 기꺼이 내어 줍니다.

아이가 잘못을 저질렀을 때 엄한 꾸중보다 더 강력한 교육은, 부모가 먼저 자신의 실수를 인정하는 모습을 보여 주는 것입니다. "엄마(아빠)가 아까 화를 내서 미안해. 사실 엄마도 이 상황이 처음이라 조금 당황했어. 다시 노력해 볼게."

이 짧은 고백 속에서 아이는 인생의 가장 소중한 비밀 하나를 배웁니다. '아, 실패해도 괜찮구나. 실수하더라도 다시 사과하고 시작하면 되는구나.' 부모가 완벽주의라는 족쇄를 풀고 인간적인 면모를 보일

　　　　아이의 뇌에 긍정의 회로를 심는 부모 코칭 에세이

때, 아이는 실패를 두려워하지 않고 다시 일어설 수 있는 회복탄력성
이라는 평생의 자산을 얻게 됩니다.

부모인 당신이 완벽해지기를 포기하는 순간, 당신의 가정에는 비로
소 웃음과 성장의 자유가 찾아올 것입니다. 당신은 지금 이대로도, 이
미 '충분히 좋은 부모'입니다.

완벽이라는 짐을 내려놓고,
그늘 아래 쉬고 싶은 당신에게

우리는 왜 그토록 완벽해지려 애썼을까요? 아마도 아이에게 최고의 것만 주고 싶었던 그 지극한 사랑 때문이었을 겁니다. 하지만 이제는 그 사랑을 조금은 가볍게, 그리고 더 다정하게 바꾸어 보려 합니다.

■ 질문 뒤에 숨은 나의 '의도'를 점검하세요

아이에게 말을 걸기 전, 스스로 물어보세요. "이 질문은 아이를 돕기 위한 것인가, 아니면 나의 불안을 해소하기 위한 것인가?"

■ '반드시'라는 단어를 '그럴 수도 있지'로 바꾸세요

"부모는 반드시 이래야 해"라는 생각은 우리를 스스로 만든 감옥에 가둡니다. 대신 "지금 이 상황에서 내가 할 수 있는 최선은 무엇일까?" 라고 다정하게 물어봐 주세요.

아이의 뇌에 긍정의 회로를 심는 부모 코칭 에세이

■ 당신의 취약성을 인정하는 용기를 내세요

완벽한 척하기보다 "엄마(아빠)도 사실 조금 걱정이 되네. 하지만 우리가 함께 방법을 찾아보자"라고 솔직하게 말하는 것이 아이에게는 백 마디 훈계보다 큰 안정감을 줍니다.

> "완벽한 신보다, 함께 실수하고 다시 웃으며
> 일어날 줄 아는 '인간적인 부모'가 아이에게는
> 더 필요합니다. 당신은 지금 이대로도 이미
> 충분히 좋은 부모입니다."

왜 지금 '코칭'인가?

1) 가르치는 부모에서 이끌어 주는 부모로: 패러다임의 전환

나침반을 든 지도자, 그 시대의 마침표

우리가 자랄 때만 해도 부모의 역할은 참으로 명확했습니다. 부모는 자녀보다 앞서 길을 걸어가며 어디로 가야 할지 나침반을 들고 방향을 제시하는 '지도자'였습니다. 아이가 그 정해진 길에서 조금이라도 벗어나면 따끔하게 야단쳐 제자리로 돌려놓는 '훈육자'의 모습이 곧 좋은 부모의 표상이기도 했지요. 당시에는 정답이 정해져 있었고, 부모의 경험은 곧 자녀의 미래를 보장하는 가장 확실한 지도였습니다.

하지만 우리가 마주한 세상은 완전히 변해 버렸습니다. 이제 '정답'이 정해진 시대는 끝났습니다. 부모가 가진 지식과 경험은 아이가 성인이 되었을 때 이미 낡은 유물이 되어 버릴 가능성이 높습니다. 부모가 가리키는 방향이 더 이상 아이의 성공과 행복을 보장하지 않는 시대, 우리는 더 이상 나침반을 든 지도자로만 머물러 있을 수 없게 되었습니다. 과거의 지도는 안정적인 길을 안내했지만, 변화무쌍한 현대 사회에서는 아이 스스로 길을 개척할 수 있는 자생력을 키워 주는 것이 가장 시급한 과제가 되었습니다.

답을 주는 사람에서, 답을 찾도록 돕는 사람으로

이러한 거대한 변화의 흐름 속에서 부모의 역할은 근본적인 전환을 요구받고 있습니다. 바로 '답을 주는 사람'에서 '아이 스스로 답을 찾도록 돕는 사람'으로의 이동입니다. 이것이 바로 우리가 '코칭'이라는 새로운 패러다임에 주목해야 하는 결정적인 이유입니다.

코칭은 아이를 무언가 부족해서 채워 넣어야 할 대상으로 보지 않습니다. 오히려 아이 안에 이미 무한한 잠재력과 스스로 문제를 해결할 수 있는 답이 들어 있다고 믿는 '수평적 파트너십'에서 시작됩니다. 부모가 "이렇게 해!"라고 지시하는 대신 "너는 어떻게 하고 싶니?"라고 물을 때, 아이의 내면에서는 잠자고 있던 거인이 깨어납니다. 부모가 '권위의 무거운 외투'를 과감히 내려놓고, 아이와 함께 달릴 준비가 된 '코치의 운동화'를 신을 때, 아이는 비로소 타인의 지도가 아닌 자기 인생의 운전대를 잡고 주인공으로 서기 시작합니다.

과학이 증명하는 파트너십의 힘

이러한 패러다임의 전환은 단순한 심리적 위안에 그치지 않습니다. 연구들에 따르면, 부모의 코칭 리더십은 자녀의 자기조절 능력과 성장지향성을 자극하는 가장 강력한 촉매제입니다.

부모가 지시자가 아닌 조력자로서 곁을 지킬 때, 자녀의 자기주도적 학습 능력은 비약적으로 향상되며, 부모와의 긍정적인 상호작용은 자녀의 행복감과 진로 성숙도에 직접적인 영향을 미칩니다. 결국 코칭으로의 패러다임 전환은 아이가 불확실한 미래를 스스로 개척해 나갈 수 있는 '근육'을 키워 주는 가장 현대적이고 과학적인 양육의 길입니다.

2) 전통적 훈육과 부모 코칭, 무엇이 다른가?

"야단치는 것과 코칭하는 것, 결국 같은 것 아닌가요?"

부모 코칭을 강의하거나 상담하다 보면 가장 많이 듣는 질문 중 하나가 바로 이것입니다. "코칭과 훈육이 뭐가 다른가요? 결국 아이를 바른 길로 인도하고 잘 키우려는 목적은 똑같지 않나요?" 물론 그렇습니다. 두 방식 모두 아이의 성장을 바라는 부모의 간절한 사랑에서 출발합니다. 하지만 그 사랑을 전달하는 방식과 그 기저에 깔린 철학은 하늘과 땅 차이입니다. 훈육이 아이의 '행동'을 교정하는 데 집중한다면, 코칭은 아이의 '존재'를 깨우고 그 안의 '힘'을 기르는 데 목적을 둡니다.

수리공인가, 트레이너인가:
고치는 훈육 vs 기르는 코칭

전통적인 의미의 훈육은 마치 '고장 난 곳을 수리하는 과정'과 같습니다. 아이가 잘못을 저지르거나 기대에 못 미치는 행동을 할 때, 부모는 수리공이 되어 무엇이 문제인지 찾아내고 지시와 통제를 통해 그것을 바로잡으려 합니다. 이때 부모와 자녀의 관계는 자연스럽게 '가르치는 자'와 '배우는 자'의 수직적 위계에 놓이게 됩니다. 반면, 부모 코칭은 '내면의 힘을 기르는 트레이닝'입니다. 코치는 아이 안에 이미 스스로 문제를 해결할 수 있는 엔진이 있다고 믿습니다. 다만 그 엔진을 가동하는 법을 아직 모를 뿐이죠. 그래서 코치는 지시하는 대신 질문하고, 정답을 주는 대신 경청합니다. 이 과정에서 부모와 자녀는 서로를 존중하는 수평적 파트너가 됩니다.

훈육과 코칭의 결정적 차이

한눈에 이해를 돕기 위해 그 차이를 정리해 보면 다음과 같습니다.

구분	전통적 훈육(Discipline)	부모 코칭(Parent Coaching)
관계	수직적, 위계적 관계(권위)	수평적 파트너십(상호존중)
초점	과거의 잘못과 문제해결	미래의 가능성과 목표 달성
방식	지시, 통제, 정답 제시	경청, 질문, 스스로 답 찾도록
동기	외적 보상과 처벌(타율성)	내적 동기와 자발성(자율성)

훈육의 세계에서 동기부여는 외부로부터 옵니다. 칭찬받기 위해, 혹은 야단맞지 않기 위해 행동하는 '타율성'이 중심이 되죠. 하지만 코칭의 세계에서는 '내가 하고 싶어서', '이것이 내게 중요하니까'라는 내적 동기가 작동합니다.

눈치를 보는 아이 vs 길을 만드는 아이

훈육의 틀 안에서만 자란 아이는 부모의 눈치를 살피며 '정답'을 맞히는 데 익숙해지기 쉽습니다. 어른들의 눈에는 '말 잘 듣는 착한 아이'로 보일지 모르지만, 부모라는 울타리가 사라지는 순간 스스로 판단하고 결정하는 법을 몰라 당황하곤 합니다. 자신의 내면보다는 외부의 기준에 안테나를 세우며 살아왔기 때문입니다.

   아이의 뇌에 긍정의 회로를 심는 부모 코칭 에세이

반면, 코칭을 경험하며 자란 아이는 자신의 내면 목소리에 귀를 기울이는 법을 배웁니다. 진수연(2023) 등 여러 연구자가 공통적으로 들려주는 이야기에 따르면, 부모의 코칭 리더십은 자녀의 자기조절 능력과 성장지향성을 유의미하게 향상시키는 마중물이 됩니다. 부모가 정답을 지시하는 대신 질문을 통해 아이의 생각을 이끌어 낼 때, 아이는 비로소 자신의 삶을 스스로 설계하고 개척해 나가는 강력한 '자기주도성'이라는 근육을 갖게 됩니다. 부모가 정답을 주는 유혹을 참아 낸 3초의 정적이, 아이에게는 스스로 일어설 힘을 얻는 3년의 가치가 됩니다.

부모가 지시의 지휘봉을 내려놓고 질문의 마이크를 건네는 순간, 아이는 타인이 닦아 놓은 매끄러운 길이 아닌, 자신이 가고 싶은 길을 스스로 만들어 가는 당당한 주인공으로 자라날 것입니다.

3) 부모의 코칭 리더십이 만드는 과학적 기적: 숫자가 증명하는 변화

따뜻한 위로를 넘어선 '근거 있는 양육'

우리는 흔히 '아이를 믿고 기다려 주라'는 말을 듣습니다. 하지만 이 따뜻한 격려가 때로는 부모들에게 공허한 위로나 도덕적인 훈계처럼

들리기도 합니다. 저 역시 수많은 부모님을 만나며 그 '기다림'이라는 단어가 주는 무게가 얼마나 버거운지 깊이 공감하곤 합니다.

하지만 제가 분명하게 말씀드릴 수 있는 것은, 코칭이 단순히 마음을 다독이는 위로에 그치지 않는다는 사실입니다. 우리가 흔히 '숫자'라고 부르는 차가운 데이터들조차, 코칭이 아이의 삶을 얼마나 따뜻하게 바꾸어 놓는지를 아주 명확하게 보여 주고 있거든요.

국내의 한 의미 있는 연구(우동옥, 2019)를 비롯해 여러 학자의 데이터를 세심하게 살펴보며 마주한 진실은 조금 달랐습니다. 코칭은 아이의 삶을 실질적으로 변화시키는 과학적인 메커니즘을 품고 있습니다. 학계의 보고에 따르면, 부모가 코치로서의 마음가짐을 갖출 때 자녀와의 부정적인 의사소통은 약 14.7%나 유의미하게 감소합니다. 열 번 싸울 일을 여덟 번 이하로 줄여 주는 이 작은 수치는, 단순히 수치의 변화를 넘어 한 가정의 공기를 바꾸는 '기적의 시작'입니다.

아이의 뇌 속 'CEO'를 깨우는 질문의 힘

왜 부모의 코칭이 이런 변화를 만들어 낼까요? 답은 아이의 뇌 속에 있습니다. 부모가 정답을 내리꽂는 지시를 할 때, 아이의 뇌는 수동적인 수용 모드에 머뭅니다. 하지만 부모가 입을 닫고 질문을 던지며 기다려 주는 그 찰나의 순간, 아이의 뇌 전두엽(Prefrontal Cortex)에서는 경영의 전원이 켜지기 시작합니다.

아이의 뇌에 긍정의 회로를 심는 부모 코칭 에세이

전두엽은 우리 뇌의 '경영자(CEO)'와 같습니다. 스스로 판단하고, 감정을 조절하며, 계획을 세우는 고등 인지 회로가 바로 이곳에서 작동합니다. 부모의 코칭 리더십은 자녀의 자기조절 능력과 성장지향성이라는 두 가지 핵심 매개체를 자극합니다. 부모가 질문을 통해 주도권을 넘겨줄 때, 아이의 전두엽 CEO는 비로소 잠에서 깨어나 '어떻게 하면 좋을까?'를 고민하며 자기주도학습의 궤도로 진입하게 되는 것입니다.

행복한 성공으로 가는 설계도

코칭의 기적은 학습 능력을 넘어 아이의 영혼까지 닿습니다. 부모의 코칭 역량이 높을수록 초기 청소년기 자녀가 느끼는 행복감과 스스로 미래를 설계하는 진로 성숙도가 획기적으로 향상된다는 사실이 연구를 통해 밝혀졌습니다.

부모가 코칭 대화법을 실천하는 가정에서 자란 아이들은 실패를 마주했을 때 '나는 안 돼'라고 좌절하는 대신, '이번엔 무엇을 배웠지?'라고 묻는 법을 배웁니다. 이것이 바로 제가 말하는 '행복하게 성공하는 회로'입니다. 코칭은 단순히 아이의 성적표 숫자를 바꾸기 위한 기술이 아닙니다. 아이가 평생 흔들리지 않고 살아갈 수 있는 마음의 근육을 키워 주고, 부모와 자녀 사이에 단단한 신뢰의 다리를 놓는 가장 과학적인 사랑의 표현입니다. 이제 우리는 사랑이라는 이름의 지휘봉을 내려놓고, 신뢰라는 이름의 마이크를 아이에게 건네야 합니다. 그것이 우리가 꿈꾸던 소통의 기적을 우리 집 거실로 불러오는 가장 확실한 방법입니다.

 아이의 뇌에 긍정의 회로를 심는 부모 코칭 에세이

완장 대신 운동화를 신기로 결심한 당신에게

부모는 아이보다 앞서 길을 닦는 도로 건설가가 아니라, 아이가 스스로 지도를 그려 나갈 수 있도록 곁을 지키는 다정한 페이스메이커여야 합니다. 오늘 당신이 내린 결정이 아이의 내일이 됩니다.

■ 아이를 '이미 완성된 씨앗'으로 보세요

씨앗 안에는 꽃을 피울 모든 정보가 들어 있습니다. 부모는 그 씨앗이 잘 자라도록 햇볕과 물을 주는 조력자일 뿐입니다.

■ 입보다 '귀'를 더 많이 사용하세요

코칭의 80%는 듣는 것입니다. 아이가 스스로 답을 말할 때까지 기다려 주는 그 인내의 시간만큼 아이의 자율성은 자라납니다.

■ 결과보다 '과정'의 땀방울을 읽어 주세요

100점이라는 결과 뒤에 가려진 아이의 고독한 시간, 졸음을 참아 가
며 책상 앞에 앉아 있던 그 엉덩이의 힘을 구체적으로 언급해 주세요.

> "질문의 마이크를 건네는 순간, 아이의 뇌는 책
> 임감이라는 엔진을 가동하기 시작합니다. 당신
> 의 신뢰가 아이를 세상에서 가장 당당한 항해사
> 로 만들 것입니다."

아이의 뇌에 긍정의 회로를 심는 부모 코칭 에세이

관계 진단: 우리 가족의 현재 위치는 어디인가?

01

관계 GPS: 우리 관계는 지금 어디에 있나?

1) 애착 유형: 아이가 세상을 항해하는 내면의 지도

길을 잃지 않기 위한 첫 번째 질문, "우리는 어디에 있나?"

낯선 길을 찾아갈 때 우리가 가장 먼저 하는 일은 스마트폰의 GPS를 켜는 것입니다. 목적지가 아무리 훌륭해도 '현재 나의 위치'를 정확히 모르면 결코 그곳에 도달할 수 없기 때문입니다.

부모와 자녀의 관계도 마찬가지입니다. 우리는 모두 '행복한 가정'이라는 목적지를 향해 열심히 달리고 있지만, 정작 우리 관계의 현재 위치가 어디인지, 우리 사이의 GPS가 제대로 작동하고 있는지는 놓칠 때가 많습니다. 목적지를 아는 것보다 중요한 것은, 지금 우리가 선 자리가 단단한 땅인지 아니면 흔들리는 늪 위인지 파악하는 일입니다.

부모와 자녀 사이에는 눈에 보이지 않는 끈이 연결되어 있는데, 심리학에서는 이 끈을 '애착(Attachment)'이라 부릅니다. 이 애착은 단순한 친밀감을 넘어, 아이가 세상을 바라보는 눈이 되고 평생을 살아갈 내면의 지도가 됩니다. 만약 아이에게 정서적 문제가 생겼다면, 그것은 아이 자체의 결함이라기보다 부모와 맺고 있는 이 '애착 지도'가 어딘가 어긋나 있다는 신호일 가능성이 큽니다.

내면의 작동 모델: 아이가 세상을 항해하는 법

영국의 심리학자 존 볼비(John Bowlby)는 아이가 주 양육자와 형성한 애착 관계가 아이의 머릿속에 '내적 작동 모델(Internal Working Model)'을 만든다고 설명했습니다. 쉽게 말해, 부모가 자신의 신호에 어떻게 반응했느냐에 따라 아이는 세상을 '안전한 곳' 혹은 '위험한 곳'으로 정의 내리는 지도를 그리게 되는 것입니다. 만약 이 지도가 '위험'을 가리킨다면, 아이의 뇌 속 편도체는 작은 자극에도 비상벨을 울리며 성장의 에너지를 방어에 쏟게 됩니다.

안정 애착(Secure)

"세상은 안전하고, 나는 사랑받을 가치가 있어." 부모라는 항구가 언제나 따뜻하고 일관되게 반응해 줄 때 형성됩니다. 이런 아이들은 부모를 '안전 기지' 삼아 넓은 세상을 자신 있게 탐험합니다. 유치원이나 학교에서도 새로운 친구를 사귀는 것을 두려워하지 않으며, 갈등이 생겨도 "다시 좋아질 수 있어"라는 믿음을 바탕으로 빠른 회복탄력

성을 보입니다. 타인과 건강한 신뢰 관계를 맺으며 자신당당하게 성
장해 나갑니다.

불안형 애착(Anxious)

"언제 나를 떠날지 몰라, 계속 확인해야 해." 부모의 반응이 기분에
따라 일관되지 않을 때 나타납니다. 아이는 부모의 사랑을 확인하기
위해 과도하게 매달리거나 끊임없이 눈치를 보게 됩니다. "엄마, 나
사랑해?"라는 질문을 반복하거나, 잠시만 떨어져 있어도 극심한 불안
을 느낍니다. 이러한 성향은 성인이 되어서도 대인관계에서 거절에
대한 두려움으로 이어지며, 작은 감정의 변화에도 예민하게 반응하는
어려움을 겪기도 합니다.

회피형 애착(Avoidant)

"기대해 봤자 소용없어, 혼자 하는 게 편해." 부모가 아이의 정서적
요구에 무관심하거나 거부적인 태도를 보일 때 형성됩니다. 아이는
상처받지 않기 위해 스스로 마음의 문을 닫아 버립니다. 겉으로는 투
정 하나 부리지 않는 착한 아이처럼 보일 수 있으나, 속으로는 타인과
의 깊은 정서적 교류를 두려워하고 회피하며 고립을 선택합니다. 힘
든 일이 있어도 부모에게 도움을 요청하지 않고 혼자 삭이는 것이 습
관이 되기도 합니다.

　　아이의 뇌에 긍정의 회로를 심는 부모 코칭 에세이

잘못 설정된 GPS를 다시 맞추는 용기

"아이의 문제는 부모와의 애착 지도에서 시작된다"는 말은 부모에게 죄책감을 주려는 것이 아닙니다. 오히려 현재의 위치를 정확히 진단하여 '수정할 기회'를 갖자는 따뜻한 초대입니다. 연구자로서, 또 수많은 부모님과 함께 고민하며 마주한 부모 코칭의 핵심 역시 여기에 있습니다.

부모가 자신의 애착 스타일을 이해하고 아이와의 상호작용 방식을 점검할 때, 어긋났던 관계의 GPS는 다시 '안정'을 향해 정렬되기 시작합니다. 실제로 부모 코칭을 통해 부모가 자녀의 욕구와 의도를 정확히 파악하고 수용적인 태도를 보이기 시작하면, 불안정했던 애착 관계가 긍정적으로 변화하며 아이의 정서적 안정감이 비약적으로 향상된다는 사실이 입증되었습니다. 오늘 당신과 아이 사이의 끈은 어떤 모양인가요? 그 끈이 너무 팽팽해 아이를 조이고 있지는 않은지, 혹은 너무 느슨해 아이가 길을 잃고 헤매게 하지는 않는지 돌아보아야 할 때입니다.

2) 부모로서의 나침반,
'부모 효능감(Parental Self-Efficacy)'

망망대해에서 나를 지켜 주는 유일한 신호

부모라는 항해는 때로 지도도 없이 짙은 안개 속을 홀로 걷는 것과 같습니다. 아이가 갑자기 이유 없는 짜증을 부리거나, 사춘기에 접어들어 방문을 쾅 닫고 들어갈 때 우리 마음속에는 거센 풍랑이 일어납니다. "내가 지금 잘하고 있는 걸까?", "아이를 망치고 있는 건 아닐까?" 하는 의구심이 파도처럼 밀려오지요. 이때 우리를 침몰하지 않게 붙잡아 주는 유일한 정신적 나침반이 있습니다. 바로 '부모 효능감(Parental Self-Efficacy)'입니다.

부모 효능감이란 거창한 이론이 아닙니다. "비록 지금은 힘들지만, 나는 부모로서 직면한 문제를 해결할 능력이 있고, 우리 아이를 바른 길로 인도할 수 있다"는 자기 자신에 대한 단단한 믿음입니다. 이 믿음이 있느냐 없느냐에 따라 부모가 아이를 대하는 태도는 하늘과 땅 차이로 갈라지게 됩니다.

아이의 뇌에 긍정의 회로를 심는 부모 코칭 에세이

기술보다 중요한 것은 '나는 할 수 있다'는 믿음

수많은 부모님을 만나고 연구 데이터를 분석하며 발견한 가장 흥미로운 사실은, 부모의 양육 기술(Skill) 자체보다 부모의 '믿음'이 자녀와의 관계에 훨씬 더 결정적인 영향을 미친다는 점이었습니다.

학술적 근거에 따르면, 부모 효능감이 높은 부모들은 자녀와의 상호작용에서 놀라울 정도로 긍정적인 모습을 보입니다. 이들은 아이의 돌발 행동에도 쉽게 당황하거나 분노하지 않습니다. 대신 "이 상황을 어떻게 해결하면 좋을까?"라는 문제 해결 중심의 사고를 합니다. 이때 부모의 뇌 경영자인 전두엽(CEO)은 활발하게 가동되며, 아이의 실수를 비난이 아닌 '함께 풀어야 할 과제'로 정의합니다. 반면, 효능감이 낮은 부모는 작은 갈등 앞에서도 금세 무력감을 느끼며, 이는 곧 자녀에 대한 비난이나 방임으로 이어지기 쉽습니다.

실제로 연구 결과들을 살펴보면, 부모 코칭 프로그램을 통해 부모 효능감이 향상된 부모들은 양육 스트레스와 불안이 유의미하게 감소했습니다. 특히 부모의 효능감이 높아질 때 자녀와의 부정적인 의사소통은 줄어들고, 따뜻하고 수용적인 상호작용은 비약적으로 증가합니다. 우리가 앞서 확인했던 '부정적 대화의 유의미한 감소'라는 과학적 약속 역시, 결국 부모가 스스로를 신뢰할 때 비로소 시작되는 변화입니다. 부모가 자신을 신뢰할 때, 아이를 온전히 신뢰할 수 있는 마음의 여유가 생기기 때문입니다.

부모의 효능감은 부모의 마음 안에만 머물지 않습니다. 부모가 자신감 있게 아이를 대할 때, 아이는 부모라는 거울을 통해 '안정감'을 배웁니다. 부모의 단단한 효능감은 자녀의 자기조절 능력과 성장지향성을 자극하는 최고의 에너지원이 됩니다.

부모가 "나는 부족해"라고 자책하며 흔들릴 때 아이의 삶도 함께 흔들립니다. 하지만 부모가 "나도 배우는 중이지만, 우리는 함께 성장할 수 있어"라는 효능감의 나침반을 들고 있을 때, 아이는 그 신호를 따라 자신만의 인생 항로를 당당히 개척해 나갑니다. 결국 부모 효능감을 키우는 것은 나를 위한 위로인 동시에, 내 아이의 뇌 속에 긍정적인 미래 회로를 심어 주는 가장 확실한 투자입니다.

3) [실천 도구] 부모 효능감 자가 진단: 나의 나침반은 어느 방향을 가리키고 있을까?

앞서 우리는 부모 효능감이 부모라는 긴 항해에서 우리를 지켜 주는 '나침반'과 같다는 사실을 배웠습니다. 망망대해에서 길을 잃지 않으려면 내 배가 어디로 향하고 있는지 수시로 점검해야 하듯, 부모로서의 나 자신을 들여다보는 시간도 반드시 필요합니다.

아래의 문항들은 심리학에서 널리 사용되는 부모 효능감 척도 (PSOC)를 바탕으로, 우리 일상에 맞게 다듬은 질문들입니다. 이 점수가 높고 낮음은 당신이 '좋은 부모'냐 '나쁜 부모'냐를 결정하는 성적표가 결코 아닙니다. 단지 지금 당신에게 어떤 부분의 응원과 코칭이 필요한지를 알려 주는 따뜻한 관계의 GPS일 뿐입니다. 거울을 보듯 편안하고 솔직한 마음으로 체크해 보세요. (체크를 시작하기 전, '나는 완벽하지 않아도 이미 충분히 애쓰고 있는 부모'라는 자기 자비의 마음을 먼저 가져 보시길 권합니다.)

■ 부모 효능감 자가 진단 리스트

각 문항을 읽고, 평소 자신의 생각과 가장 가까운 칸에 점수를 기록해 주세요.

(1점: 전혀 그렇지 않다 / 2점: 대체로 그렇지 않다 / 3점: 보통이다 / 4점: 대체로 그렇다 / 5점: 매우 그렇다)

번호	문항 내용	점수
1	나는 아이가 갑자기 울거나 화를 낼 때, 당황하지 않고 차분하게 대처할 수 있다.	
2	나는 우리 아이가 현재 무엇을 필요로 하는지 잘 알고 있다고 느낀다.	
3	나는 부모로서 직면하는 크고 작은 문제들을 해결할 수 있는 능력이 있다.	

4	나는 아이를 키우는 과정이 힘들기보다 즐겁고 보람차다고 느낄 때가 많다.	
5	나는 부모로서 나의 역할이 내 인생에서 꽤 가치 있고 의미 있다고 생각한다.	
6	나는 아이의 기분을 달래 주거나 긍정적인 방향으로 이끌 자신이 있다.	
7	나는 다른 부모들과 비교했을 때, 부모 역할을 충분히 잘 해내고 있다고 믿는다.	
8	나는 아이와 함께하는 시간 속에서 내가 '성장하고 있다'는 확신이 든다.	
합계	(모든 문항의 점수를 더해 보세요)/40점	

■ 점수 결과 해석: 나의 위치 확인하기

☐ 32점 ~ 40점 [안정적인 북극성]

현재 당신의 효능감 나침반은 아주 건강한 방향을 가리키고 있습니다. 당신은 부모로서 자신감이 넘치며, 아이와의 갈등 상황에서도 유연하게 대처할 수 있는 힘을 가졌습니다. 지금처럼 아이의 가능성을 믿어 주는 '최고의 코치' 역할을 이어 가세요.

☐ 24점 ~ 31점 [안개 속의 항해]

부모로서 잘하고 싶은 마음은 크지만, 때때로 밀려오는 불안과 스트레스에 나침반이 흔들리고 있군요. 지극히 정상적인 과정입니다.

 아이의 뇌에 긍정의 회로를 심는 부모 코칭 에세이

당신은 이미 충분한 잠재력을 가지고 있습니다. 약간의 코칭 기술을 익히는 것만으로도 당신의 항해는 훨씬 수월해질 것입니다.

□ 8점 ~ 23점 [나침반의 재조정 필요]

지금 어깨에 짊어진 부모라는 짐이 너무 무겁게 느껴지시나요? 효능감이 낮아진 상태에서는 아이의 작은 행동에도 쉽게 무력감을 느낄 수 있습니다. 이것은 당신의 잘못이 아니라, 단지 나침반이 잠시 방향을 잃었을 뿐입니다. 이 책의 코칭 가이드를 따라가며 '작은 성공'부터 하나씩 쌓아 간다면, 당신의 효능감은 반드시 회복될 것입니다.

흔들리는 나침반을 들고,
다시 길을 묻는 당신에게

현재의 위치를 확인하는 일은 때로 두렵기도 합니다. 하지만 마음의 지도는 고정된 것이 아니며, 우리가 어디에 있는지 '알아차리는' 순간부터 변화는 이미 시작됩니다.

■ 아이의 침묵을 새롭게 해석해 주세요

말이 없는 아이가 단지 '착한' 것이 아니라, 실망하지 않기 위해 기대를 포기한 '회피의 신호'는 아닌지 다정하게 살펴 주세요.

■ 작은 성공(Small Win)을 기록하세요

오늘 아이와 눈을 맞춘 3분의 시간, 화가 날 때 참아 낸 한 번의 심호흡이 당신의 효능감이라는 성벽을 쌓는 소중한 벽돌이 됩니다.

아이의 뇌에 긍정의 회로를 심는 부모 코칭 에세이

■ 오늘의 점수가 당신의 '성적표'는 아닙니다

　진단 결과가 예상보다 낮더라도 실망하지 마세요. 이것은 당신의
부족함을 들춰내는 도구가 아니라, 우리가 앞으로 어떤 마음 근육을
더 키워야 할지 알려 주는 다정한 지표일 뿐입니다.

> "당신이 자신을 신뢰하기 시작할 때,
> 아이는 부모라는 안전한 항구에 비로소 닻을
> 내릴 수 있습니다. 14.7%의 변화는 당신의
> '믿음'에서 시작됩니다."

02

대화의 습관이
관계의 거리를 결정한다

1) 관계를 파괴하는 네 가지 독(毒):
우리 집 식탁 위에 흐르는 '불행의 신호'들

입술을 떠나는 순간, 관계를 무너뜨리는 네 가지 독

대화는 부모와 자녀를 잇는 가장 따뜻한 다리가 되기도 하지만, 때로는 서로를 향해 쏘아 올리는 날카로운 화살이 되기도 합니다. 세계적인 관계 전문가 존 가트맨(John Gottman) 박사는 수천 쌍의 관계를 관찰한 끝에, 관계를 파괴하고 결국 이별과 단절로 이끄는 '네 가지 불행의 신호'를 찾아냈습니다.

이것은 단순한 말다툼이 아닙니다. 관계의 근간을 뿌리째 흔드는 강력한 '독(毒)'과 같습니다. 이 독소들은 아이의 뇌 속에 흐르는 소통의 길을 막고, 정서적 유대를 부식시키는 무서운 파괴력을 가졌습니다. 수많은 부모 교육 현장에서 마주한 갈등 뒤에는 어김없이 이 네 가지 독이 흐르고 있었습니다. 우리 집 거실에서, 혹은 아이와의 저녁

 아이의 뇌에 긍정의 회로를 심는 부모 코칭 에세이

식탁에서 우리는 이 독을 얼마나 자주 사용하고 있을까요?

우리 집 거실의 네 가지 불행 신호

첫 번째 독: 비난(Criticism)

비난은 아이의 구체적인 행동이 아니라 '인격과 성격' 자체를 공격하는 것입니다.

- 육아 상황: 숙제를 하지 않은 아이에게
- 비난의 말: "너는 도대체 누굴 닮아서 이렇게 게으르니? 생각이 있긴 한 거야?"
- 결과: 아이는 자신의 행동을 고치려 하기보다 부모가 나를 '나쁜 아이'로 정의했다는 사실에 깊은 상처를 입고 마음의 문을 닫아 버립니다.

두 번째 독: 방어(Defensiveness)

자신의 책임을 회피하고 오히려 상대를 탓하며 자신을 보호하려는 태도입니다.

- 육아 상황: 아이가 "엄마 아까 나한테 소리 질러서 무서웠어"라고 용기 내어 말할 때
- 방어의 말: "네가 내 말을 안 들으니까 소리를 지르지! 엄마가 오죽하면 그러겠니?"
- 결과: 아이의 용기 있는 고백과 감정은 무참히 무시당하며, 부모와의 대화에서 '내 편은 어디에도 없다'는 지독한 고립감을 느낍니다.

세 번째 독: 경멸(Contempt)

아이의 존재를 부정하는 날카로운 칼날, 상대를 나보다 아래로 보며 조롱하거나 무시하는 태도입니다.

- 육아 상황: 아이가 시험 점수를 기대보다 낮게 받아 왔을 때
- 경멸의 말: (비웃으며) "참 잘했다. 네가 그럼 그렇지. 그 머리로 뭘 하겠니?"
- 결과: 경멸은 아이의 자존감을 완전히 짓밟습니다. 연구에 따르면 경멸을 자주 겪는 아이들은 면역 체계까지 약해질 정도로 심리적 타격이 큽니다.

 아이의 뇌에 긍정의 회로를 심는 부모 코칭 에세이

네 번째 독: 담쌓기(Stonewalling)

대화를 거부하고 냉소적으로 침묵하거나 자리를 피해 버리는 외면의 기술입니다.

- 육아 상황: 아이가 울며 매달리며 대화를 갈구할 때
- 담쌓기 행동: 아무 말 없이 방으로 들어가 문을 잠그거나, 아이를 투명인간 취급하며 스마트폰만 봅니다.
- 결과: 아이에게 부모의 침묵은 육체적 폭력보다 무서운 공포입니다. 극심한 정서적 유기감을 느끼며 깊은 불안의 늪에 빠지게 됩니다.

숫자가 말해 주는 진실:
소통의 질을 결정하는 코칭의 힘

한 연구 데이터는 이러한 부정적인 대화 습관이 왜 우리를 괴롭히는지 그 원인을 명확히 보여 줍니다. 부모의 코칭 역량이 부족할 때 부모-자녀 간의 부정적 의사소통은 훨씬 더 빈번하게 발생하며, 부모의 코칭 역량은 이러한 부정적 대화의 약 14.7%를 설명하는 결정적 요인이 됩니다.

즉, 부모가 경청과 질문, 지지라는 코칭 리더십을 배우지 못한 상태에서는 자신도 모르게 이 '네 가지 독'을 습관적으로 내뱉게 된다는 것

입니다. 하지만 뒤집어 생각하면 큰 희망이 보입니다. 부모가 코칭 역량을 키우는 것만으로도 이 치명적인 독을 14.7% 이상 걷어 낼 수 있다는 과학적 증거이기 때문입니다. 부모가 독을 거두고 질문의 마이크를 건네는 순간, 아이의 뇌에서는 공포 회로가 꺼지고 이성적인 대화의 문이 열리기 시작합니다.

대화의 기술은 결코 타고나는 것이 아니라, 후천적으로 학습하고 익히는 것입니다. 우리 집 식탁 위에 흐르는 독을 거두어 내고 그 자리에 서로를 살리는 대화를 놓는 순간, 부모와 자녀 사이의 거리는 비로소 좁혀지기 시작할 것입니다.

2) 관계의 다리를 놓는 '디딤돌' 대화: 독을 약으로 바꾸는 기술

끊어진 마음을 다시 잇는 소중한 발판

앞서 살펴본 '네 가지 독'이 관계의 다리를 끊어 버리는 폭탄이라면, 제가 제안하고 싶은 대화의 기술은 끊어진 다리를 다시 잇고 서로의 마음으로 안전하게 건너가게 하는 '디딤돌'입니다. 이 디딤돌은 어떤 화려한 말재주를 부리는 기술이 아닙니다. 이미 수많은 부모 교육 현장에서 그 효과가 검증된 심리학적 도구들을, 우리 가족의 상황에 맞

　　　　아이의 뇌에 긍정의 회로를 심는 부모 코칭 에세이

게 하나씩 놓아 보는 정성스러운 과정입니다.

첫 번째 디딤돌: '나-전달법(I-Message)'

상대방을 탓하는 '방어'의 독을 해독하는 가장 좋은 방법은 토마스 고든(Thomas Gordon) 박사가 제안한 '나-전달법'을 대화의 디딤돌로 놓는 것입니다. 아이의 잘못을 '너(You)'라는 주어로 공격하는 대신, 부모인 '나(I)'의 감정과 바람을 솔직하게 전달하는 것이지요.

- 상황: 중·고등학생 자녀가 약속한 시간을 어기고 늦게 귀가했을 때
- 비난의 말: "너는 도대체 왜 그렇게 생각이 없니? 대체 몇 시야!"
- 디딤돌 대화: "연락도 없이 늦어서 아빠(엄마)는 네게 무슨 일이 생긴 건 아닌지 걱정되고 마음이 많이 불안했단다."

이렇게 주어를 바꾸는 것만으로도 아이는 비난의 화살을 피하고, 부모의 진심 어린 걱정을 들을 수 있는 마음의 여유를 갖게 됩니다.

두 번째 디딤돌: '부드러운 시작(Soft Startup)'

대화가 날카로운 칼날처럼 시작되면 결말 역시 상처로 끝나기 쉽습니다. 세계적인 심리학자 존 가트맨(John Gottman) 박사는 갈등을 해결하는 핵심 비결로 '부드러운 시작'을 강조했습니다. 비난이나 경

멸의 어조를 걷어 내고, 현재의 상황을 있는 그대로 묘사하며 대화를 시작하는 것입니다.

- 상황: 유치원이나 초등생 아이가 거실을 엉망으로 어지럽혀 놓았을 때
- 날카로운 시작: "집안 꼴이 이게 뭐야! 당장 안 치워?"
- 디딤돌 시작: "거실에 장난감이 많이 펼쳐져 있네. 엄마가 지나다니기 조금 불편한데, 같이 정리해 볼 수 있을까?"

부모의 날카로운 지적은 아이의 뇌 속에 공포를 담당하는 '편도체'를 비명 지르듯 활성화시키지만, 이러한 부드러운 시작은 아이의 공포 회로를 끄는 가장 강력한 스위치가 되어 줍니다.

잊지 마세요
"기적과 같은 변화, 관계를 재건하는 기적의 설계도"

코칭은 공허한 위로가 아니라 과학적인 변화입니다. 부모가 '디딤돌 대화법'을 실천할 때 부정적 대화가 14.7% 감소한다는 데이터는, 우리가 조금만 노력해도 가정의 공기를 바꿀 수 있다는 가장 확실한 증거입니다. 오늘 놓은 디딤돌 하나가 그 기적의 시작입니다.

 아이의 뇌에 긍정의 회로를 심는 부모 코칭 에세이

3) [실천 도구] 우리 가족 대화 패턴 체크리스트: 나의 현재 위치는 어디인가요?

길을 찾기 전, 현재 위치를 확인하는 시간

망망대해를 항해하는 배가 안전하게 목적지에 닿으려면 가장 먼저 무엇을 해야 할까요? 바로 지금 배가 바다 위 어디에 있는지 '현재 위치'를 정확히 파악하는 것입니다. 부모라는 이름으로 아이와 함께 걸어가는 이 길 위에서도 마찬가지입니다.

내 목소리가 아이의 뇌 속에 어떤 신경망 지도를 그리고 있는지, 혹은 내 언어가 아이의 자존감을 세우는 든든한 기둥인지 아니면 아이를 가두는 투명한 감옥인지 점검하는 과정이 반드시 필요합니다. 아래의 질문들을 천천히 읽으며 평소 나의 모습을 돌아보세요. 이것은 '잘잘못'을 따져 점수를 매기는 시험지가 아니라, 더 나은 관계를 향해 놓을 '디딤돌'을 찾는 소중한 지도입니다. 부족한 점을 찾아내어 자책하기보다는, 우리가 함께 건너갈 수 있는 새로운 디딤돌이 어디에 있는지 발견하는 기쁨을 누려 보시길 바랍니다.

나의 대화 패턴 점검표

상황	A 유형(걸림돌 대화)	B 유형(디딤돌 대화)
아이가 실수했을 때	"왜 그랬어? 똑바로 하라고 했지?"	"속상했겠구나. 이번에 무엇을 배웠니?"
대화를 시작할 때	"너는 왜 맨날 그 모양이니? 당장 안 해?"	"거실에 옷이 있네. 엄마(아빠)가 조금 불편해."
아이가 짜증 낼 때	"짜증 좀 그만 내! 네가 그럴 게 뭐가 있어?"	"네가 지금 마음이 많이 답답하고 힘들구나?"
칭찬할 때	"역시 넌 똑똑해! 100점 맞았네!"	"끝까지 포기하지 않고 노력한 과정이 멋지다."
나의 감정이 앞설 때	(아무 말 없이 문을 닫고 들어가 버린다.)	"지금 화가 나서, 조금 쉬었다가 다시 이야기하자."

점검 결과 해석: 변화는 '알아차림'에서 시작됩니다

- 대부분 A 유형인가요?

지금까지 당신은 '완벽'이라는 무거운 배낭을 메고 힘겹게 가파른 산을 오르고 있었을지도 모릅니다. 자신도 모르게 아이의 뇌 속에 '실수는 위험한 것'이라는 공포의 고속도로를 닦고 있었을 수도 있지요. 하지만 자책할 필요는 전혀 없습니다. 우리 뇌의 놀라운 '신경가소성' 덕분에 우리는 언제든 이전의 길을 멈추고 새로운 길을 닦을 수 있으니까요.

아이의 뇌에 긍정의 회로를 심는 부모 코칭 에세이

- B 유형이 섞여 있나요?

당신은 이미 코칭의 나침반을 들고 아이와 눈을 맞추기 위해 부단히 노력하는 분입니다. 앞서 우리가 확인했던 '14.7%의 변화'를 기억하시나요? 부정적인 말 한두 마디만 의식적으로 줄여도, 가정의 공기는 놀라울 정도로 따뜻하게 달라지기 시작할 것입니다.

독이 묻은 화살을 내려놓고,
다정한 디딤돌을 놓는 당신에게

대화는 부모와 자녀라는 두 개의 우주를 잇는 가장 따뜻한 다리여야 합니다. 하지만 때로는 사랑이라는 이름으로 날카로운 비수 같은 말을 내뱉기도 하지요. 이제 그 화살을 내려놓고, 서로의 마음으로 건너갈 수 있는 다정한 디딤돌을 하나씩 놓아 보려 합니다.

■ **지시 대신 질문의 마이크를 건네세요**

"공부해!" 대신 "오늘 네가 계획한 일 중에 무엇부터 도와줄까?"라고 물어보세요. 마이크를 건네받는 순간, 아이의 뇌는 책임감이라는 엔진을 스스로 가동합니다.

■ **작은 성공(Small Win)을 칭찬하세요**

오늘 "왜 그랬어?"라는 비난 대신 "속상했겠구나"라는 공감의 디딤돌을 딱 하나만 놓았어도 당신은 훌륭하게 코칭의 길로 들어선 것입니다.

    아이의 뇌에 긍정의 회로를 심는 부모 코칭 에세이

■ 부모의 실수는 가장 위대한 수업입니다

　실수를 인정하고 "미안해, 아빠도 배우는 중이야"라고 말하는 뒷모습은 아이에게 세상에서 가장 따뜻한 성장의 모델링이 됩니다.

> "체크리스트에서 발견한 당신의 'A 유형'은 아이를 망치고 있다는 증거가 아니라, 앞으로 우리가 더 다정해질 수 있는 '기회의 지점'입니다. 당신이 놓는 그 디딤돌 하나가 14.7%의 기적을 완성할 것입니다."

03

갈등은 성장의 신호다

1) 우리 아이와 나는 왜 자꾸 부딪칠까?
'조화의 적합성(Goodness of Fit)'

갈등, 관계의 다리를 튼튼하게 만드는 연단

부모라는 낯선 길 위에서 우리는 수없이 많은 돌부리에 걸려 넘어지곤 합니다. 그중에서도 가장 아프게 다가오는 돌부리는 아마도 사랑하는 아이와의 '갈등'일 것입니다. 아이와 부딪치는 순간, 많은 부모님이 "내가 무엇을 잘못했을까?"라며 자책의 배낭을 짊어지곤 하지만, 사실 갈등은 피해야 할 문제가 아닙니다. 오히려 갈등은 서로의 마음으로 더 깊숙이 들어가는 '성장의 신호'이자, 관계의 다리를 더욱 튼튼하게 만드는 소중한 연단의 시간입니다. 갈등이 일어났다는 것은 서로의 주파수가 다르다는 신호일 뿐, 어느 한쪽의 고장이 아님을 기억해야 합니다.

아이의 뇌에 긍정의 회로를 심는 부모 코칭 에세이

맞지 않는 것이 아니라, 조율이 필요한 것

심리학에서는 부모의 양육 방식과 자녀의 기질이 얼마나 잘 어우러지는지를 '조화의 적합성(Goodness of Fit)'이라고 부릅니다. 이것은 마치 서로 다른 리듬을 가진 두 사람이 하나의 곡에 맞춰 춤을 추는 것과 같습니다. 서로의 스텝이 꼬이는 것은 어느 한쪽의 잘못이라기보다, 아직 서로의 박자를 맞춰 가는 과정에 있기 때문입니다.

예를 들어, 에너지가 넘치고 활동적인 아이와 조용하고 정적인 성향의 부모가 만났다고 가정해 봅시다. 부모의 눈에는 아이의 넘치는 활달함이 '산만함'으로 비칠 수 있고, 아이의 처지에서는 부모의 차분함이 자신을 가로막는 '답답함'으로 느껴질 수 있습니다. 하지만 여기서 우리가 꼭 기억해야 할 사실이 있습니다. 아이의 기질은 결코 '틀린' 것이 아니라 단지 부모와 '다를 뿐'이라는 사실입니다. 아이는 부모라는 거울을 통해 자신의 모습을 정의하며 자라납니다. 따라서 부모가 이 '다름'을 어떤 시선으로 바라보느냐가 아이의 자존감이라는 뿌리를 결정짓는 핵심이 됩니다.

다름을 인정하는 순간, 열리는 새로운 길

여러 연구와 교육 현장에서 확인한 희망은, 부모가 아이의 기질을 있는 그대로 수용하기 시작할 때 갈등의 상당 부분이 자연스럽게 해

소된다는 것입니다. 아이를 부모가 미리 그려 놓은 정해진 지도 안에 억지로 가두려 하지 마세요. 아이만의 고유한 색깔을 인정하는 '코치' 의 마음가짐을 가질 때, 비로소 관계에는 따뜻한 훈풍이 불기 시작합니다. 부모가 아이의 기질을 있는 그대로 수용할 때, 아이의 뇌는 비로소 방어 기제를 내려놓고 전두엽의 성장을 위해 에너지를 사용하기 시작합니다.

2) 갈등 대처 능력을 키우는 5단계 프로세스: 감정의 파도를 넘어 소통의 항구로

제압하는 힘이 아닌, 함께 돌아오는 '항해술'

아이와 갈등이라는 거친 파도를 만났을 때, 우리에게 필요한 것은 아이를 힘으로 제압하는 권위가 아닙니다. 풍랑 속에서도 아이와 손을 잡고 함께 안전한 항구로 돌아올 수 있게 돕는 '정교한 항해술'입니다. 이 항해술의 핵심은 폭풍(감정)을 억누르는 것이 아니라, 파도의 흐름을 읽고 키를 조절하는 법을 배우는 데 있습니다. 우리가 흔히 오해하는 것 중 하나는 감정 조절 능력이 타고난 기질이라고 믿는 것이지만, 사실 감정 조절은 부모와의 상호작용을 통해 정교하게 학습되는 영역입니다. 세계적인 심리학자 존 가트맨 박사의 '감정 코칭'을 바

     아이의 뇌에 긍정의 회로를 심는 부모 코칭 에세이

탕으로, 우리 가정에 바로 적용할 수 있는 '부모 코칭 5단계 프로세스'를 소개합니다.

1단계: 감정 포착 — 아이의 숨은 신호를 읽으세요

아이가 사소한 일에 짜증을 내거나 방문을 쾅 닫고 들어갈 때, 그것은 비난의 대상이 아니라 '나의 마음을 제발 읽어 달라'는 아이의 간절한 신호입니다. 겉으로 드러난 거친 행동 너머에 숨겨진 아이의 진짜 감정을 포착하는 것이 코칭의 진정한 시작입니다.

2단계: 진정하기 — 감정의 홍수에서 빠져나오세요

부모와 자녀 모두 감정이 격해진 상태에서는 이성적인 사고를 담당하는 뇌의 전두엽(CEO)이 멈추고, 공포와 분노를 담당하는 편도체가 비명을 지르며 뇌의 주도권을 장악하게 됩니다. 이때 우리에게 가장 필요한 것은 '3초의 멈춤'이라는 비상 브레이크입니다. 이때는 "엄마(아빠)가 지금 조금 속상해서, 잠시 마음을 가라앉히고 다시 이야기하자"라고 말하며 정서적 안전지대를 먼저 확보하는 지혜가 필요합니다.

3단계: 공감하기 — 감정에 이름을 붙여 주세요

"네가 지금 친구 때문에 많이 속상하고 서운했구나?"라고 아이의 감정을 명확한 단어로 짚어 주는 것만으로도 아이의 불안은 놀랍게도 절반 가까이 줄어듭니다. 아이의 감정을 회피하거나 가르치려 하지 말고, 있는 그대로 비춰 주는 따뜻한 거울이 되어 주세요.

4단계: 대안 찾기 — 질문의 마이크를 넘기세요

부모가 정답을 내리꽂는 지시 대신 "그럼 이 상황에서 우리가 어떻게 하면 좋을까?"라고 질문해 보세요. 질문을 던지는 그 찰나의 순간, 아이의 뇌 속 '경영자(CEO)'인 전두엽에는 불꽃이 튀며 스스로 해결책을 찾기 시작합니다.

5단계: 해결하기 — 함께 걷는 파트너가 되세요

아이가 스스로 낸 의견을 존중하며 함께 실천할 수 있는 규칙을 정합니다. 부모가 지시의 지휘봉을 내려놓고 아이와 함께 호흡하며 걷는 파트너십을 발휘할 때, 아이는 자신의 삶을 스스로 설계하고 책임지는 진정한 주인공으로 성장하게 됩니다. 이 5단계는 아이를 변화시키는 기술인 동시에, 부모인 우리 자신의 전두엽을 훈련시키는 위대한 성찰의 과정이기도 합니다.

 아이의 뇌에 긍정의 회로를 심는 부모 코칭 에세이

3) [실천 도구] 우리 가족 화목 마실:
　함께 새로운 항로를 그려 나가는 시간

함께 마음의 지도를 그려 가는 정겨운 모임

우리는 흔히 갈등이 생기면 누군가 한 명은 이기고 한 명은 져야 하는 '싸움'으로 생각하곤 합니다. 하지만 부모 코칭의 관점에서 갈등은 서로의 필요를 확인하고 더 나은 방향으로 지도를 수정하는 '마음 나눔'의 소중한 시간입니다.

선행 연구들에서 언급된 '모의 가족회의'나 '품성 길러 주기' 활동은 아이의 자기조절 능력을 키워 주는 가장 강력한 실천 도구입니다. 일주일에 한 번, 딱 15분만 시간을 내어 '우리 가족 화목 마실'을 떠나 보세요. '회의'라는 딱딱한 이름 대신, 서로의 마음을 조율하는 따뜻한 '마실'이라 생각하면 한결 가벼운 마음으로 아이와 마음을 나눌 수 있을 것입니다.

<u>**[우리 가족 화목 마실 4단계 가이드]**</u>

1단계: 마음 열기 — '고마움 한 입' 나누기

- **활동**: 지난 한 주 동안 서로에게 고마웠던 점을 하나씩 말하며 시작합니다.
- **코칭 포인트**: 부모가 먼저 아이의 사소한 노력이나 '태도'를 구체적으로 칭찬해 주세요. 이는 모임의 공기를 부드럽게 만들고 아이의 마음을 여는 '부드러운 시작'이 됩니다.

2단계: 서로 읽어 주기 — '나-전달법'으로 진심 전하기

- **활동**: 현재 우리 가족이 느끼는 불편함이나 갈등 요소를 이야기합니다.
- **코칭 포인트**: "너는 왜 그러니?"라는 비난 대신, "엄마(아빠)는 ~해서 마음이 조금 무거워"라는 '나-전달법'을 사용하세요. 아이 역시 자신의 감정을 솔직하게 말할 수 있도록 충분히 기다려 주는 것이 중요합니다.

3단계: 지혜 모으기 — '생각의 마이크' 건네기

- **활동**: 문제를 해결하기 위해 각자 할 수 있는 일들을 제안합니다.

   아이의 뇌에 긍정의 회로를 심는 부모 코칭 에세이

- **코칭 포인트**: 부모가 정답을 지시하지 말고 "우리가 어떻게 하면 이 문제를 해결할 수 있을까?"라고 질문의 마이크를 아이에게 넘겨주세요. 이 찰나의 순간, 아이의 전두엽(CEO)이 깨어나 스스로 답을 찾기 시작합니다.

4단계: 발걸음 맞추기 — '함께 걷는 약속' 세우기

- **활동**: 모두가 동의하는 해결책을 정하고, 다음 마실 때까지 실천해 보기로 약속합니다.
- **코칭 포인트**: 결과에 집착하기보다 '함께 노력해 보기로 한 과정' 자체를 축하해 주세요. 실패하더라도 그것은 비난의 대상이 아니라 다음 성장을 위한 '배움의 데이터'가 됩니다. 실패한 약속조차 마실의 소중한 안건이 될 때, 우리 가족의 신뢰 지도는 더욱 정교하게 그려집니다.

갈등이라는 파도 위에서,
함께 항해술을 익히는 당신에게

아이와 부딪히는 그 고통스러운 순간이 사실은 우리 관계가 더 단단해지기 위한 '성장의 신호'임을 믿으시나요? 파도를 피하려 애쓰기보다, 그 파도를 타고 안전하게 항구로 돌아오는 법을 연습해 보려 합니다.

■ 아이의 기질에 '긍정적 이름표'를 붙여 주세요

'고집 센 아이' 대신 '주관이 뚜렷한 아이'로, '느린 아이' 대신 '신중한 아이'로 불러 주세요. 당신의 이름표 하나가 아이 뇌 속에 긍정적 자아 회로를 만듭니다.

■ 감정의 이름을 먼저 불러 주세요

"너 왜 화났어?"라고 묻기보다 "네 마음이 지금 많이 무겁고 속상하구나"라고 읽어 주세요. 그 한마디가 굳게 닫혔던 아이 마음의 빗장을 여는 마법의 주문이 됩니다.

　　　　　　　　아이의 뇌에 긍정의 회로를 심는 부모 코칭 에세이

■ 마실의 주인공은 '아이'임을 잊지 마세요

화목 마실이 부모의 훈계 시간이 되지 않도록 질문의 마이크를 아이에게 넘겨주세요. 아이가 스스로 답을 조립할 때까지 기다려 주는 그 인내의 시간만큼 아이의 자율성은 자라납니다.

> "열 번 부딪칠 일을 여덟 번 이하로 줄여 주는
> 놀라운 관계의 변화는 아이를 고치려는
> 강요가 아니라 아이의 주파수에 나의 마음을
> 맞추는 '조화의 노력'에서 완성됩니다. 당신의
> 그 다정한 항해를 온 마음으로 응원합니다."

부모 코칭의 핵심 원리: 지시에서 질문으로

01

부모 코칭의 철학: 아이는
스스로 답을 낼 수 있는 존재다

1) 관점의 전환: '교정의 대상'에서 '해결의 주체'로

지휘봉을 든 부모의 무거운 어깨

우리는 부모가 되는 순간, 세상에서 가장 무거운 지휘봉을 손에 쥐게 됩니다. 이 지휘봉은 사랑이라는 이름으로 포장되어 있지만, 사실은 아이의 자율성을 억누르고 부모의 불안을 투사하는 도구가 되기도 합니다. 아이의 성적이 떨어지거나, 친구와 다투어 눈물이 그렁그렁해서 돌아올 때, 혹은 사춘기의 안개 속에서 방황하는 모습을 보일 때 부모의 마음에는 거센 풍랑이 일어납니다. "내가 무엇을 잘못했을까?", "내가 지금 당장 이 아이를 고쳐 주지 않으면 영영 길을 잃는 것은 아닐까?" 하는 두려움이 엄습하지요.

이때부터 부모는 아이를 사랑이라는 이름으로 '수리'하기 시작합니다. 부족한 부분은 채워 넣고, 삐져나온 부분은 깎아 내며 아이를 부모가 미리 그려 둔 완벽한 지도 안에 가두려 애씁니다. 하지만 아이를

'교정해야 할 대상'으로 보는 순간, 부모의 언어는 날카로운 화살이 되어 아이의 신경망에 상처를 남기게 됩니다.

아이를 보는 렌즈를 바꾸다: '결함' 너머의 '온전함'

관점의 전환이란 아이를 향한 렌즈의 초점을 '문제'가 아닌 '존재'로 옮기는 일입니다. 코칭의 철학은 아이를 결함이 있어 수리해야 할 기계로 보지 않습니다. 대신, 아이를 '자신의 삶을 스스로 설계하고 항해할 수 있는 온전한 주체'로 정의합니다.

지금 아이가 보여 주는 시행착오는 아이라는 존재의 결함이 아니라, 더 단단한 자기만의 지도를 그려 나가는 과정에서 만나는 소중한 '성장 데이터(Growth Data)'이자 아이만의 고유한 항로를 찾아가는 과정입니다. 부모가 아이를 '문제 해결의 주체'로 신뢰하기 시작할 때, 대화의 공기는 놀랍도록 달라집니다. 지시의 지휘봉을 내려놓고 질문의 마이크를 건네는 그 찰나의 순간, 아이는 자신의 삶을 스스로 책임지는 인생의 주인으로 우뚝 서게 됩니다.

숫자 너머의 기적: 신뢰가 만들어 내는 변화의 약속

오랜 시간 교육 현장에서 수많은 부모님과 마주하며 확인한 코칭의 힘은 결코 추상적인 위로가 아닙니다. 여러 연구 데이터가 증명하듯, 부모가 아이를 교정의 대상이 아닌 파트너로 인정하며 코칭의 태도를 취할 때, 우리를 괴롭히던 부정적 의사소통은 약 14.7%나 유의미하게 감소합니다.

이 14.7%라는 숫자는 단순히 통계적 수치를 넘어, 부모가 정답을 주지 않고 기다려 줄 때 아이의 뇌가 스스로 길을 찾기 시작한다는 부모가 정답을 주는 조급함을 내려놓을 때, 아이의 뇌가 비로소 스스로 생각하기 시작한다는 14.7%의 정직한 약속입니다. 부모가 자신의 불안을 내려놓고 아이를 온전히 신뢰할 때, 아이의 전두엽에는 스스로 대안을 찾는 불꽃이 튀기 시작합니다. 관점을 바꾼다는 것은 결국, 내 아이라는 우주가 스스로 빛을 발할 때까지 그 곁을 다정하게 지켜 주는 믿음의 항해를 시작하는 일입니다.

2) 내면의 힘: 아이의 전두엽(CEO)을 깨우는
   '믿음'의 마법

기다림, 아이의 뇌가 스스로 길을 찾는 시간

우리는 흔히 부모가 빠르게 정답을 제시하고 아이를 이끌어야 한다고 생각합니다. 하지만 부모가 입을 닫고 조용히 기다려 주는 그 짧은

 아이의 뇌에 긍정의 회로를 심는 부모 코칭 에세이

신뢰의 정적의 시간이야말로 아이의 뇌 안에서 가장 역동적인 변화가 일어나는 순간입니다.

부모가 지시의 지휘봉을 휘두르거나 비난의 목소리를 높이면, 아이의 뇌는 즉각적으로 공포를 담당하는 '편도체'가 비명을 지르며 활성화됩니다. 편도체가 뇌를 장악한 상태에서는 이성적 사고가 멈추고 오직 방어와 회피의 본능만이 작동하게 되지요. 하지만 부모가 다정한 눈빛으로 기다리며 질문을 던질 때, 비로소 아이 뇌의 공포 회로가 꺼지고 이성적인 사고를 담당하는 '전두엽(CEO)'에 불꽃이 튀기 시작합니다.

뇌의 경영자를 깨우는 '질문의 마이크'

코칭에서 "해답은 아이 안에 있다"고 믿는 철학은 결코 막연한 낙관론이 아닙니다. 부모가 정답을 내리꽂는 지시 대신 "그럼 이 상황에서 우리가 어떻게 하면 좋을까?"라고 질문의 마이크를 넘기는 순간, 아이의 뇌 속 경영자인 전두엽은 스스로 해결책을 찾기 위해 분주히 움직입니다.

질문을 받는 그 찰나의 순간, 아이는 책임감이라는 엔진을 가동합니다. 부모가 준 정답은 아이에게 잠시 빌려 입은 '남의 옷'과 같아서 금세 잊히지만, 전두엽의 치열한 고민 끝에 아이 스스로 찾아낸 대안은 아이의 삶을 움직이는 강력한 생명력을 갖게 됩니다. 부모가 질문의 마이크를 건넬 때, 전두엽 CEO는 비로소 '내가 내 삶의 주인'이라는 자각과 함께 책임감이라는 엔진을 가동합니다. 부모가 아이를 '답을 가진 존재'로 믿어 주는 것, 그것이 바로 잠자고 있던 아이의 자기 주도성을 깨우는 가장 확실한 마법입니다.

단단한 효능감이 아이의 미래를 바꿉니다

부모의 단단한 '부모 효능감'은 부모의 마음 안에만 머물지 않고 아이에게 그대로 전달되는 최고의 에너지원이 됩니다. 부모가 "나는 부족해"라고 흔들릴 때 아이의 삶도 함께 요동치지만, 부모가 "나도 배우는 중이지만 우리는 함께 성장할 수 있어"라는 믿음을 가질 때 아이는 비로소 정서적 안정감을 느낍니다.

현장의 연구 데이터들이 증명하듯, 부모가 이러한 믿음의 태도로 코칭 역량을 발휘할 때 자녀와의 부정적 의사소통은 약 14.7%나 유의미하게 감소합니다. 이 14.7%의 변화는 단순히 싸움이 줄어드는 숫자가 아닙니다. 아이가 부모라는 거울을 통해 스스로를 신뢰하고, 자신만의 인생 항로를 당당히 개척해 나가는 성장지향성을 일깨우는 기적의 증거입니다.

아이의 뇌에 긍정의 회로를 심는 부모 코칭 에세이

3) 수평적 파트너십: 함께 새로운 항로를 그리다

상하 관계라는 익숙한 감옥에서 나오기

우리는 아주 오랫동안 부모와 자녀의 관계를 '가르치는 자'와 '배우는 자', 혹은 '명령하는 자'와 '순종하는 자'라는 수직적 상하 관계로 정의해 왔습니다. 부모는 경험이 많으니 정답을 알고 있고, 아이는 미숙하니 그 뒤를 따라야 한다는 믿음 때문이지요. 하지만 이러한 상하 관계는 아이에게 존중보다는 복종을, 대화보다는 침묵을 가르치게 됩니다.

부모가 지시의 지휘봉을 높이 들수록 아이의 마음은 위축됩니다. 부모의 기대에 어긋날까 두려워하는 마음은 아이 뇌의 공포 회로인 '편도체'를 활성화하고, 정작 중요한 이성적 판단과 창의적 사고를 마비시킵니다. 진정한 부모 코칭의 시작은 이 견고한 상하 관계의 틀을 깨고, 아이와 나란히 서서 새로운 항로를 그려 나가는 '수평적 파트너십'으로 전환하는 권위의 재정의에서 출발합니다.

조력자가 될 때 피어나는 안정감과 성장의 에너지

부모가 일방적인 지휘관이 아닌 다정한 '조력자(Partner)'의 자리에 설 때, 아이는 비로소 정서적 안전지대를 발견합니다. "우리 아빠(엄마)는 내 말을 들어 줄 준비가 되어 있고, 내가 실수해도 함께 해결책을 찾아 줄 사람이야"라는 확신은 아이에게 강력한 성장의 에너지를 부여합니다.

부모가 지시의 지휘봉을 내려놓고 질문의 마이크를 건네며 아이의 의견을 존중할 때, 아이는 자신의 삶을 스스로 설계하는 주인공으로 성장합니다. 부모가 조력자로서 이러한 코칭 활동을 지속할 때 자녀와의 부정적인 의사소통은 약 14.7%나 유의미하게 감소한다는 사실은, 파트너십이 결코 권위의 상실이 아니라 관계의 승리임을 과학적으로 증명해 줍니다.

함께 걷는 기쁨, '화목 마실'의 미학

수평적 파트너십은 거창한 이론에 머물지 않습니다. 일주일에 한 번, 15분 동안 마주 앉아 서로의 고마움을 나누고 진심을 전하는 '화목 마실' 같은 작은 실천 속에서 살아 움직입니다. 부모가 정답을 지시하지 않고 "우리가 어떻게 하면 좋을까?"라고 질문의 마이크를 넘기는 그 찰나의 순간, 아이의 전두엽(CEO)은 스스로 답을 찾기 위해 깨어

 아이의 뇌에 긍정의 회로를 심는 부모 코칭 에세이

납니다.

　실패하더라도 그것을 비난의 대상이 아닌 '다음 성장을 위한 데이터'로 여기며 함께 걷는 것, 그것이 바로 코칭이 지향하는 가장 아름다운 파트너십의 모습입니다. 지휘봉을 내려놓고 나란히 서서 같은 별을 바라보는 것, 그것이 부모와 자녀가 함께 완성하는 행복의 지도입니다.

아이라는 거대한 우주를 온전함으로
바라보는 당신에게

부모 코칭은 기술 이전에 '믿음'의 문제입니다. 아이를 고쳐야 할 고장 난 기계가 아니라, 스스로 빛을 발할 준비가 된 눈부신 우주로 바라보는 순간부터 관계의 기적은 시작됩니다.

■ 사랑은 '판단'이 아닌 '끝까지 믿어 주는 것'입니다

아이의 실수를 비난의 화살이 아닌 '배움의 이정표'로 바라봐 주세요. 믿을 만해서 믿는 것은 판단이지만, 믿기 어려울 때조차 끝내 믿어 주는 것은 코칭이자 가장 숭고한 사랑입니다.

■ 3초의 침묵은 아이의 뇌가 설계도를 그리는 시간입니다

질문을 던지고 난 뒤 흐르는 그 짧은 정적을 견뎌 내 주세요. 그 시간은 아이의 전두엽이 세상을 향해 자기만의 지도를 그려 나가는 경이로운 창조의 시간입니다.

 아이의 뇌에 긍정의 회로를 심는 부모 코칭 에세이

■ 진정한 권위는 두려움이 아니라 '신뢰'에서 나옵니다

"수평적으로 대하면 아이가 나를 우습게 보지 않을까?"라는 걱정을 내려놓으세요. 부모가 먼저 실수를 인정하는 정직한 뒷모습은 아이에게 가장 위대한 성장의 모델링이 됩니다.

> "당신이 지휘봉을 내려놓고 질문의 마이크를 건네는 오늘,
> 우리 집 거실의 공기는 14.7% 더 따뜻해질 것입니다.
> 아이의 전두엽에 틔운 지혜의 불꽃이 당신의 가정을 환히
> 비추길 기원합니다."

[기술 1] 경청: 아이의 마음을 여는
첫 번째 열쇠

1) 마음의 거울: 아이의 서툰 몸짓 너머의
진심을 비추다

말 너머의 '마음의 소리'에 귀 기울이기

대화는 부모와 자녀라는 두 개의 우주를 잇는 가장 따뜻한 다리여야 합니다. 하지만 우리는 종종 아이가 내뱉는 '말' 자체나 겉으로 드러나는 '행동'에만 매몰되어, 정작 그 이면에 숨겨진 아이의 진심 어린 '마음의 소리'를 놓치고 맙니다. 진정한 경청은 단순히 소리를 귀로 듣는 수동적인 행위를 넘어섭니다. 그것은 아이가 말로 다 하지 못한 감정과 의도를 온전히 수용함으로써 닫혀 있던 마음의 빗장을 여는, 능동적이고도 헌신적인 사랑의 기술입니다. 아이가 내뱉는 서툰 말들은 때로 가시 돋친 듯 아프게 다가오지만, 그 가시 너머에는 '나를 좀 봐주세요'라는 연약한 진심이 숨겨져 있습니다.

닫힌 문 뒤에 숨겨진 웅크린 진심

어느 날 갑자기 아이가 사소한 일에 날카로운 짜증을 내거나, 아무 대답 없이 방문을 쾅 닫고 들어가 버릴 때 부모의 마음에는 당혹감과 서운함이 교차합니다. "도대체 왜 저럴까?", "내가 무엇을 그렇게 잘못했다고 저런 반응일까?"라는 생각이 앞서며 아이의 버릇없는 행동을 꾸짖고 싶은 충동이 일어납니다.

하지만 부모 코칭의 시선으로 바라본 이 거친 행동들은 비난받아야 할 '문제'가 아니라, 아이가 보내는 가장 간절한 '구조 신호'입니다. 아이는 지금 자신의 언어로 다 표현할 수 없는 복잡한 마음을 제발 알아 달라고, 이 불안한 감정의 소용돌이에서 나를 좀 건져 달라고 온몸을 던져 신호를 보내고 있는 것입니다.

의도 포착하기: 행동이라는 거친 껍질 속의
연약한 알맹이를 보다

코칭의 진정한 시작은 아이의 거친 행동이라는 딱딱하고 까칠한 껍질을 조심스럽게 벗겨 내고, 그 안에 숨겨진 '진짜 감정'을 포착하는 데 있습니다. 방문을 쾅 닫는 행위는 반항이 아니라 '누구에게도 보이고 싶지 않을 만큼 무너진 마음'의 표현일 수 있고, 식탁에서의 무뚝뚝한 침묵은 사실 '오늘 하루 너무 힘들었으니 나를 좀 다독여 달라'는 외로운 신호일 수 있습니다. 부모가 이 숨겨진 의도를 포착하기 위해 비난의 말을 멈추고 기다릴 때, 두 사람 사이의 주파수는 비로소 맞춰지기 시작합니다. 아이의 겉모습이 아닌 그 너머의 진심에 집중하는 것, 그것이 아이라는 거대한 우주를 온전히 이해하기 위한 첫 번째 항해술입니다. 부모가 아이의 마음을 있는 그대로 비춰 주는 '맑은 거울'이 될 때, 아이는 비로소 자신의 일렁이는 감정을 객관적으로 바라볼 수 있는 정서적 여유를 얻습니다.

비판 없는 수용: 있는 그대로를 비추는 가장 맑고 따뜻한 거울

경청은 아이의 말을 중간에 끊거나 서둘러 옳은 답을 가르치려 하는 것이 아닙니다. 부모는 아이의 마음을 있는 그대로 비춰 주는 '맑은 거울'이 되어야 합니다. 거울은 앞에 서 있는 사람의 모습을 있는 그대로 보여 줄 뿐, "왜 그렇게 못생긴 표정을 짓니?"라고 비판하거나 "눈을 더 크게 떠라"라고 지시하지 않습니다. 아이의 말을 어떤 판단도 섞지 않은 채 수용하며 "네 마음이 지금 많이 답답하고 힘들었구나"라고 비춰 주는 그 찰나의 순간, 아이는 비로소 나의 우주를 통째로 이해받았다는 정서적 해방감을 느낍니다. 부모가 정직하고 따뜻한 거울이 되어 줄 때, 아이는 자신의 일그러진 감정을 스스로 마주할 용기를 얻고 비로소 뇌의 경영자인 전두엽의 전원을 켜서 스스로 대안을 찾기

     아이의 뇌에 긍정의 회로를 심는 부모 코칭 에세이

시작합니다.

2) 감정의 이름표: "화났어?" 대신 "마음이 무겁구나"

감정의 숲에서 길을 잃은 아이를 위하여

아이들의 내면은 때때로 길을 알 수 없는 깊은 숲과 같습니다. 그 안에서 일렁이는 뜨겁고 무거운 덩어리가 슬픔인지, 억울함인지, 혹은 말로 다 못 할 서운함인지 아이들은 미처 알지 못합니다. 감정의 정체를 모를 때 아이는 더 큰 혼란과 불안에 빠지게 되지요. 이때 부모가 해 줄 수 있는 가장 자비로운 경청은, 아이의 모호한 감정에 다정한 '정서적 이름표'를 붙여 주는 일입니다.

평가가 아닌 반영:
날카로운 화살을 멈추고 거울을 비추다

우리는 아이가 짜증을 낼 때 무심코 "너 왜 화를 내?" 혹은 "별것도 아닌 일로 왜 그래?"라며 아이의 상태를 '평가'하거나 '추궁'하곤 합니다. 하지만 이런 말들은 아이의 마음을 닫게 만드는 날카로운 화살이 될 뿐입니다. 코칭에서의 경청은 아이의 마음을 있는 그대로 비춰 주는 '거울'이 되는 것입니다. "왜 화가 났니?"라고 묻기보다 "지금 네 마음이 바위처럼 무겁고 속상하구나"라고 그 결을 읽어 주세요. 부모가 감정을 비난하지 않고 있는 그대로 '반영'해 줄 때 아이는 비로소 방어의 자세를 풀고 부모라는 안전한 항구에 닻을 내리게 됩니다.

불안의 감소: 이름을 불러 줄 때 비로소 잦아드는 폭풍

심리학에는 '이름을 붙이면 길들여진다(Name it to tame it)'라는 말이 있습니다. 이것은 추상적인 문학적 표현이 아닙니다. 이름을 붙이는 순간, 뇌의 편도체는 안정을 찾고 전두엽이 주도권을 가져온다는 것이 뇌 과학이 입증한 진실입니다. 실체가 없는 두려움은 공포가 되지만, 이름이 붙여진 감정은 다스릴 수 있는 대상이 됩니다. 부모가 아이의 감정을 언어화해 주는 것만으로도 아이 뇌의 비상벨인 '편도체'는 비명을 멈추고 안정을 찾기 시작합니다.

감정을 명확한 단어로 짚어 주는 것은 아이에게 자신의 내면을 객관적으로 바라볼 수 있는 '여유'라는 선물을 주는 것과 같습니다. "아, 내가 지금 느끼는 게 '서운함'이었구나"라고 깨닫는 순간, 감정의 폭풍에 휩말려 있던 아이의 전두엽(CEO)은 다시 깨어나 어떻게 이 상황을 해결할지 고민할 힘을 얻게 됩니다.

   아이의 뇌에 긍정의 회로를 심는 부모 코칭 에세이

3) 존재 인정의 힘: 편도체를 잠재우는
가장 강력한 스위치

기술을 넘어 영혼을 안아 주는 행위, '경청'

경청은 단순히 입을 닫고 귀를 여는 기술적 차원을 넘어, 아이의 '존재' 그 자체를 온전히 안아 주는 가장 숭고한 사랑의 행위입니다. 우리는 흔히 아이가 눈에 보이는 성과를 냈을 때만 "잘했다"며 귀를 기울이는 경향이 있지만, 진정한 코칭은 특별한 결과가 없어도 "네가 우리 곁에 있다는 것만으로도 정말 행복해"라는 무조건적인 지지를 보내는 것에서 완성됩니다. 이러한 존재의 인정은 아이의 내면에 세상의 어떤 비바람에도 흔들리지 않는 가장 단단한 정서적 기둥을 세우는 일입니다. 성과가 있을 때만 켜지는 조건부의 박수가 아니라, 존재 그 자체를 비추는 무조건적인 등불이 아이를 다시 일어서게 합니다.

뇌 과학이 증명하는 평화:
편도체와 전두엽의 협주곡

부모의 따뜻한 경청과 공감이 아이의 삶을 바꾸는 이유는 그것이 아이 뇌의 생물학적 스위치를 조절하기 때문입니다.

비명 지르는 편도체

아이의 감정이 격해지거나 비난을 받을 때, 뇌의 비상벨인 '편도체'는 공포와 분노의 비명을 지릅니다. 이때 이성적인 사고를 담당하는 '전두엽(CEO)'은 기능을 멈추고 뇌 전체가 통제 불능의 상태에 빠지게 됩니다.

공감이라는 마법의 스위치

이때 부모가 아이의 존재를 인정하며 다정하게 귀를 기울여 주면 놀라운 일이 일어납니다. 부모의 공감 섞인 한마디는 비명 지르던 편도체를 잠재우고 전두엽의 전원을 다시 켜는 가장 강력한 '안정 스위치'가 되어 줍니다.

정서적 안전지대의 확보

부모가 정서적 거울이 되어 "지금 네 마음이 많이 힘들구나"라고 비춰 줄 때, 아이의 뇌는 비로소 공포 회로를 끄고 이성적인 사고를 시작할 수 있는 여유를 얻습니다.

　　　　　　아이의 뇌에 긍정의 회로를 심는 부모 코칭 에세이

다시 일어설 힘, 성장의 에너지원

부모라는 '안전 기지' 혹은 '안전한 항구' 안에서 감정이 진정될 때, 아이는 비로소 다시 사고하고 성장할 수 있는 에너지를 얻습니다. 감정의 파도가 가라앉은 자리에 책임감과 문제 해결 능력이 비로소 싹트기 시작하는 것이지요. 부모가 지휘봉을 내려놓고 아이와 함께 호흡하며 걷는 파트너십을 발휘할 때, 아이는 부모라는 거울을 통해 자신의 가치를 스스로 발견하고 인생을 설계하는 진정한 주인공으로 성장하게 됩니다.

아이의 서툰 진심을 따뜻하게
비춰 주는 당신에게

진정한 경청은 단순히 입을 닫는 것이 아니라, 아이가 말로 다 하지 못한 마음의 소리에 온 영혼을 기울여 마이크를 대 주는 일입니다. 당신이 맑은 거울이 되어 줄 때, 아이는 비로소 자신의 우주를 사랑하기 시작합니다.

■ 감정의 이름을 다정하게 불러 주세요

"너 왜 화났어?"라고 묻기보다 "네 마음이 지금 바위처럼 무겁고 속상하구나"라고 읽어 주세요. 이름을 붙이는 것만으로도 아이 뇌의 비상벨인 편도체는 비명을 멈추고 안정을 찾습니다.

■ 특별한 성과가 없어도 존재 자체에 환호해 주세요

아이가 흔들릴 때 "엄마(아빠)는 언제나 네 편이야"라고 말해 주는 것이 아이 뇌의 공포 회로를 끄는 가장 확실한 방법입니다.

아이의 뇌에 긍정의 회로를 심는 부모 코칭 에세이

■ 기다림의 3초가 만드는 14.7%의 기적

아이가 스스로 답을 찾아낼 때까지 조용히 곁을 지켜 주는 그 인내의 시간만큼 아이의 전두엽은 책임감이라는 엔진을 가동합니다.

> "당신이 비춰 주는 그 맑은 빛을 따라, 아이는 자신만의 당당한 인생 항로를 개척해 나갈 것입니다. 오늘 당신이 보여 준 그 따뜻한 수용이 아이에게는 세상을 살아갈 가장 단단한 안전 기지가 될 것입니다."

03

[기술 2] 질문: 아이의 사고력을 깨우는 힘

부모가 던지는 질문의 방향은 곧 아이가 나아갈 인생의 지도가 됩니다. 우리가 던지는 물음표의 각도가 아이의 시선을 과거의 후회에 묶어 둘지, 아니면 미래의 가능성으로 향하게 할지를 결정하기 때문입니다. 우리는 흔히 정답을 가르쳐 주는 것이 부모의 책임이라 믿지만, 진정한 성장은 부모가 '질문의 마이크'를 아이에게 넘겨주는 그 찰나의 정적 속에서 시작됩니다. 질문은 아이의 뇌 속에 스스로 생각하고 결정하는 근육을 키워 주는 가장 강력한 자극제입니다.

1) 취조의 '왜'에서 코칭의 '어떻게'로: 언어의 항로를 바꾸다

사랑이라는 이름으로 쏘아 올린 날카로운 화살

우리는 아이가 기대에 어긋나는 행동을 하거나 실수를 저지를 때,

사랑과 걱정이라는 이름으로 가장 먼저 "왜(Why)"라는 단어를 꺼내 듭니다. "왜 숙제를 안 했니?", "도대체 왜 그렇게 행동했어?" 이 짧은 물음표 안에는 순수한 궁금함보다 부모의 답답함과 아이를 바로잡고 싶은 조급함이 섞여 있기 마련입니다.

하지만 부모가 무심코 던진 이 '왜'라는 질문은 종종 아이의 가슴에 꽂히는 날카로운 화살이 됩니다. 존 가트맨 박사가 경고한 관계의 네 가지 독(毒) 중 하나인 '비난'은 아이의 구체적인 행동이 아니라 인격과 성격 자체를 공격할 때 그 독성이 가장 강해집니다. "너는 도대체 왜 항상 이 모양이니?"라는 질문은 아이의 존재를 '문제아'로 정의해 버리는 취조실의 차가운 조명과 같습니다.

비명 지르는 편도체, 그리고 방어의 성벽

아이의 뇌 과학적 관점에서 볼 때, 비난이 섞인 '왜'는 아이의 뇌 속에 비상벨을 울리는 행위입니다. 날카로운 추궁을 받는 순간, 아이의 뇌에서는 공포와 분노를 담당하는 '편도체'가 비명을 지르기 시작합니다. 편도체가 뇌를 점령하면 이성적인 사고를 담당하는 '전두엽(CEO)'은 즉시 기능을 멈춥니다.

이때 아이가 느끼는 감정은 반성이 아니라 지독한 고립감과 두려움입니다. 아이는 상황을 해결하려 노력하기보다 부모로부터 자신을 지키기 위해 마음의 문을 닫고 '방어'의 성벽을 더 높고 단단하게 쌓아 올리게 됩니다. 부모의 다그침이 거세질수록, 아이는 스스로 생각할 기회를 잃고 웅크린 채 폭풍이 지나가기만을 기다리는 존재가 되고 맙니다.

어떻게(How), 미래를 향해 돛을 올리는 마법의 언어

이제 우리는 언어의 항로를 바꿔야 합니다. 비난의 독이 담긴 '왜(Why)'를 멈추고, 가능성을 여는 '어떻게(How)'를 선택하는 용기가 필요합니다. 질문의 마이크를 건네는 그 찰나의 순간, 아이의 사고는 과거의 잘못에서 미래의 대안으로 극적인 반전을 이룹니다.

"오늘 네가 계획한 일 중에 무엇부터 시작하고 싶니?" 혹은 "어떻게 하면 이 상황을 우리가 더 좋게 바꿀 수 있을까?". 이 부드러운 시작은 아이의 공포 회로를 끄는 가장 강력한 스위치가 됩니다. 비난의 '왜'가 편도체를 비명 지르게 했다면, 가능성의 '어떻게'는 잠들어 있던 전두엽 CEO에게 경영권이라는 마이크를 넘겨주는 행위입니다. 질문의 주인이 된 아이의 뇌 속에서는 잠자고 있던 전두엽이 깨어나 스스로 답을 찾기 위해 불꽃을 틔우기 시작합니다. 부모가 정답을 내리꽂는 지시자가 아닌 조력자로 서는 순간, 아이는 비난의 화살을 피할 여유를 얻고 자신의 행동을 돌아볼 정서적 안전지대에 도착하게 됩니다.

   아이의 뇌에 긍정의 회로를 심는 부모 코칭 에세이

2) 전두엽의 불꽃을 깨우다:
자기 결정성과 책임감의 엔진

정적 속에 피어나는 경이로운 설계

우리는 흔히 부모가 빠르게 정답을 제시하고 아이를 이끌어야 한다는 강박에 시달립니다. 하지만 부모가 입을 닫고 조정한 질문을 던진 뒤 찾아오는 그 짧은 신뢰의 기다림의 시간이야말로, 아이의 뇌 안에서 가장 역동적인 변화가 일어나는 순간입니다. 질문은 아이 뇌의 경영자(CEO)인 '전두엽'의 전원을 켜는 가장 확실한 스위치이기 때문입니다. 부모가 정답을 내리꽂는 지시를 멈추고 질문의 마이크를 넘길 때, 아이의 뇌는 수동적인 수용자에서 능동적인 설계자로 탈바꿈합니다.

CEO의 가동:
"어떻게 하면 좋을까?"라는 질문의 마법

"우리가 어떻게 하면 이 문제를 해결할 수 있을까?"라는 질문을 받는 그 찰나의 순간, 아이의 내면에서는 소리 없는 혁명이 일어납니다. 부모의 날카로운 지시가 공포를 담당하는 편도체를 비명 지르게 했다면, 다정한 질문은 그 비상벨을 끄고 이성적 사고의 중심지인 전두엽에 불꽃을 틔웁니다. 아이의 뇌는 스스로 해결책을 찾기 위해 과거의 경험을 뒤지고, 현재의 상황을 분석하며, 미래의 결과를 예측하는 고도의 사고 프로세스를 작동시키기 시작합니다.

책임감의 엔진:
'자기 결정성'이라는 근육을 키우다

질문의 마이크를 건네받은 아이는 자신이 이 대화와 삶의 진정한 주체임을 인식하게 됩니다. 부모가 대신 내려 준 결정은 아이에게 잠시 빌려 입은 '남의 옷'과 같아 불편하고 쉽게 벗어 버리고 싶지만, 치열한 고민 끝에 스스로 내린 결정은 아이의 심장에 깊이 각인됩니다. 아이는 자신의 선택에 대해 책임을 지려는 '자기 결정성'의 근육을 키우게 되며, 이는 곧 어떤 풍랑에도 흔들리지 않는 단단한 자존감의 뿌리가 됩니다. 스스로 선택한 답을 실천해 나가는 과정에서 아이는 '내 삶의 주인은 나'라는 강력한 자기 효능감을 체득하게 됩니다.

성장의 에너지:
지휘봉이 사라진 자리에 피어나는 주인공의 삶

부모의 권위를 상징하던 지휘봉이 사라진 자리에는 아이의 자율성이 싹트기 시작합니다. 부모가 지시의 지휘봉을 내려놓고 아이와 보조를 맞추는 파트너가 될 때, 아이는 비로소 부모라는 안전 기지 안에서 자신만의 인생 항로를 설계할 용기를 얻습니다. 자신의 삶을 스스로 설계하고 책임지는 진정한 주인공으로 성장해 나가는 이 에너지는, 부모가 아이를 '답을 가진 존재'로 온전히 신뢰할 때 비로소 완성됩니다.

3) 인생의 디딤돌이 되는 질문 리스트: 성장의 이정표를 세우다

끊어진 다리를 잇는 정성스러운 과정

부모와 자녀 사이의 대화는 두 마음을 잇는 가장 따뜻한 다리가 되어야 합니다. 하지만 우리는 종종 일상이라는 분주함 속에서 아이의 자존감을 세우는 '디딤돌 대화'보다는, 아이의 성장을 가로막고 상처를 입히는 '걸림돌 대화'를 더 자주 사용하고 있음을 발견하게 됩니다. 코칭의 질문은 이 끊어진 다리를 다시 잇고, 아이가 자신의 삶이라는 바다를 안전하게 건너가게 하는 소중한 발판이 됩니다.

실수를 배움으로 바꾸는 질문: "무엇을 새롭게 알게 되었니?"

아이가 기대와 다른 결과를 가져오거나 실수를 저질렀을 때, 부모가 던지는 "도대체 왜 그랬어?"라는 추궁은 아이를 과거의 후회 속에 가두는 차가운 감옥이 됩니다. 하지만 질문의 방향을 조금만 틀어 보세요. "이번 일을 통해서 우리가 새롭게 알게 된 건 뭘까?"라고 물어보는 순간, 실수는 비난의 대상이 아니라 다음 성장을 위한 소중한 '배움의 데이터' 혹은 '성장을 위한 정교한 나침반'으로 탈바꿈합니다. 부모가 실수를 성장의 재료로 정의해 줄 때, 아이는 실패를 두려워하지 않는 단단한 회복탄력성을 갖게 됩니다.

마음을 여는 부드러운 시작:

"어떤 도움이 필요하니?"

"당장 안 해?", "꼴이 이게 뭐야!"와 같은 날카로운 명령과 지시는 아이 뇌 속의 공포 회로인 '편도체'를 비명 지르게 만듭니다. 편도체가 뇌를 장악하면 아이는 반성하기보다 방어의 성벽을 쌓기에 급급해집니다. 이때 필요한 것이 바로 '부드러운 시작(Soft Startup)'입니다. "네가 지금 마음이 많이 힘들고 무겁구나. 엄마(아빠)가 어떤 도움을 주면 네 마음이 조금 가벼워질까?"라고 물어봐 주세요. 이 다정한 물음은 아이 뇌의 공포 스위치를 끄고 이성적인 대화의 문을 여는 가장 강력한 열쇠가 됩니다.

　아이의 뇌에 긍정의 회로를 심는 부모 코칭 에세이

작은 성공(Small Win)을 이끄는 질문:

"무엇부터 시작하고 싶니?"

아이의 자존감은 거창한 성취가 아니라 일상의 작은 성공들이 모여 만들어지는 단단한 성벽과 같습니다. 부모가 지시의 지휘봉을 내려놓고 "오늘 네가 계획한 일 중에 무엇부터 시작하고 싶니?"라고 질문의 마이크를 건네는 순간, 아이의 전두엽 엔진이 가동되기 시작합니다. 스스로 선택하고 결정하는 이 짧은 경험은 아이에게 '할 수 있다'는 효능감을 선물하며, 자신의 삶을 스스로 설계해 나가는 주인공으로서의 당당함을 심어 줍니다.

화살을 내려놓고,
질문의 마이크를 건네는 당신에게

부모가 던지는 질문의 방향은 곧 아이가 나아갈 인생의 지도가 됩니다. 비난의 화살을 멈추고 가능성의 문을 여는 질문을 건네는 순간, 아이의 우주는 스스로 빛을 발할 준비를 시작합니다.

■ 비난의 '왜' 대신 가능성의 '어떻게'를 선택하세요

"왜 그랬어?"라는 추궁은 아이를 과거의 후회 속에 가둡니다. 대신 "어떻게 하면 이 상황을 더 좋게 바꿀 수 있을까?"라고 물으며 아이의 전두엽 CEO에게 경영권을 넘겨주세요.

■ 3초의 침묵은 아이의 뇌가 답을 조립하는 시간입니다

질문을 던진 뒤 찾아오는 그 짧은 정적을 다정한 기다림으로 채워 주세요. 그 찰나의 순간에 아이의 뇌는 책임감이라는 엔진을 가동하며 스스로 길을 찾기 시작합니다.

아이의 뇌에 긍정의 회로를 심는 부모 코칭 에세이

■ 실수는 '성장의 이정표'이자 소중한 데이터입니다

아이가 실수했을 때 비난의 화살을 거두고 "이번 일을 통해 우리가 새롭게 알게 된 건 뭘까?"라고 물어봐 주세요. 부모가 실수를 성장의 재료로 정의해 줄 때, 아이는 어떤 풍랑에도 흔들리지 않는 단단한 회복탄력성을 얻게 됩니다.

> "당신이 질문의 마이크를 믿고 기다려 줄 때, 자녀와의
> 부정적인 의사소통은 놀라울 정도로 잦아들게 됩니다.
> 완벽한 정답을 주려 애쓰기보다 "나도 배우는 중이야"라고
> 말하며 함께 답을 찾아가는 당신의 뒷모습이 아이에게는
> 세상에서 가장 따뜻한 격려가 될 것입니다."

[기술 3] 인정과 격려: 존재 자체를 세워 주는 힘

1) 결과의 감옥에서 꺼내 주는 '존재의 격려'

평가의 칭찬을 넘어, 존재의 격려로

우리는 흔히 아이를 칭찬하는 것이 최고의 양육이라 믿어왔습니다. 하지만 '결과'에만 초점을 맞춘 칭찬은 아이를 타인의 평가라는 좁은 감옥에 예속시키고, 실패를 두려워하는 아이로 만들기도 합니다. 진정한 부모 코칭은 아이가 이룬 성과가 아니라, 그 과정을 견뎌 낸 노력과 아이라는 '존재' 그 자체를 향한 무조건적인 격려에서 완성됩니다. 이러한 존재적 환대는 아이의 뇌가 '나는 안전하다'고 느끼게 하여, 어떤 도전 앞에서도 다시 일어설 수 있는 내면의 뿌리를 단단하게 만듭니다.

달콤한 독이 되는 결과 중심의 칭찬

우리는 아이가 100점짜리 시험지를 내밀거나 상장을 받아 올 때, 무심코 "역시 우리 아들(딸) 똑똑하네!", "100점 맞았네, 정말 장하다!"라는 칭찬을 쏟아 냅니다. 이 말들은 아이의 기분을 단숨에 끌어올리는 달콤한 사탕 같지만, 안타깝게도 그 안에는 위험한 함정이 숨어 있습니다.

아이는 부모의 환호성을 듣는 찰나, 무의식적으로 '내가 100점을 맞아야만 사랑받는구나', '성과를 내지 못하면 나는 가치 없는 아이가 될지도 몰라'라는 서늘한 불안을 학습하게 됩니다. 결과에만 초점을 맞춘 칭찬은 아이를 타인의 평가라는 좁은 창살 안에 가두는 '결과의 감옥'이 되어, 아이의 영혼을 성취에 저당 잡힌 상태로 전락시킬 위험이 있습니다.

존재 그 자체가 주는 평온: 내 아이라는 우주의 무게

진정한 부모 코칭은 아이가 무엇을 '해냈느냐(Doing)'가 아니라, 아이가 우리 곁에 '있음(Being)' 그 자체를 환대하는 것에서 시작됩니다. 아이에게 필요한 것은 조건부의 박수가 아니라, 아무런 성과가 없는 평범한 날에도 전해지는 "네가 우리 곁에 있다는 것만으로도 엄마(아빠)는 정말 행복해"라는 무조건적인 지지입니다.

이 '존재의 인정'은 아이의 마음속에 어떤 폭풍우에도 흔들리지 않는 단단한 닻을 내리는 일과 같습니다. 부모라는 거울이 아이의 존재 자체를 눈부시게 비춰 줄 때, 아이는 비로소 '나는 아무것도 증명하지 않아도 사랑받을 가치가 있는 존재'라는 깊은 평온함에 도달하게 됩니다.

편도체를 잠재우는 가장 강력한 스위치

뇌 과학적으로 볼 때, 존재에 대한 격려는 아이의 정서 조절 능력을 결정짓는 결정적인 열쇠입니다. 아이가 실수하거나 실패했을 때, 뇌의 비상벨인 '편도체'는 공포와 수치심의 비명을 지릅니다. 이때 "왜 그랬어?"라는 추궁은 그 불길에 기름을 붓는 격이 됩니다.

하지만 부모가 다가가 아이의 존재를 먼저 안아 주며 "속상했지? 괜찮아, 네가 애쓰고 있다는 걸 알아"라고 속삭여 주는 순간, 경이로운 일이 일어납니다. 부모의 따뜻한 수용은 비명 지르던 편도체를 순식간에 잠재우고 이성적인 사고를 담당하는 '전두엽(CEO)'의 전원을 켭니다. 존재의 격려야말로 아이 뇌의 공포 회로를 끄고 성장의 회로를 작동시키는 가장 강력한 '사랑의 스위치'입니다. 존재를 긍정받은 아이는 타인의 평가라는 좁은 창살을 벗어나, 스스로 자신의 가치를 증명해 나가는 당당한 인생의 경영자가 됩니다.

타인의 시선에서 자유로운 아이로 자라나는 힘

결과보다 존재를 먼저 안아 주는 부모 밑에서 자란 아이는 타인의 평가에 일희일비하지 않습니다. 세상이 정해 놓은 기준이나 남들의 시선이라는 거친 파도에 휘둘리지 않고, 스스로 인생의 항로를 개척해 나가는 단단한 내면의 힘을 얻게 됩니다.

아이의 뇌에 긍정의 회로를 심는 부모 코칭 에세이

부모가 주는 '존재의 격려'를 먹고 자란 아이는 설령 실패하더라도 다시 일어설 용기를 냅니다. 자신의 가치가 점수나 성과에 달려 있지 않음을 알기에, 두려움 없이 새로운 도전에 자신을 던질 수 있는 것입니다. 이것이 바로 우리가 아이에게 줄 수 있는 가장 위대한 유산이자, 부모 코칭이 지향하는 최후의 목적지입니다.

2) 과정의 땀방울을 읽어 주는 화법: 칭찬(Praise)과 격려(Encouragement) 사이

결과라는 스포트라이트가 아닌, 과정을 비추는 등불

우리는 흔히 아이를 세우는 힘이 '칭찬'에 있다고 믿습니다. 하지만 칭찬은 대개 목적지에 도착했을 때만 켜지는 화려한 스포트라이트와 같습니다. 반면, 격려는 아이가 헐떡이며 오르막을 오르는 그 순간, 아이의 젖은 등을 가만히 비춰 주는 다정한 등불입니다.

아이를 진정으로 세우는 힘은 결과라는 화려한 목적지가 아니라, 그곳을 향해 묵묵히 걸어가는 '성장을 위해 애쓰는 아이의 등'에 귀를 기울이는 부모의 시선에서 나옵니다. 연구 데이터에 따르면, 부모의 구체적인 양육 기술보다 이러한 부모의 '믿음'과 '태도'가 자녀와의 관계에 훨씬 더 결정적인 영향을 미칩니다.

칭찬보다 깊은 격려: 평가의 언어에서 관찰의 언어로

"너는 역시 똑똑해" 혹은 "최고야"라는 말은 언뜻 좋아 보이지만, 이는 부모가 아이를 '평가'하고 있다는 신호를 보냅니다. 이런 말에 익숙해진 아이는 부모의 기대를 충족시키지 못할까 봐 새로운 도전을 두려워하게 됩니다.

관찰하고 읽어 주기

"너는 역시 똑똑해"라는 결과 중심의 평가 대신, "끝까지 포기하지 않고 노력한 네 마음이 정말 멋지다"라고 아이가 흘린 땀방울의 결을 읽어 주세요.

회복탄력성의 씨앗

완벽하게 해내는 부모보다, 실수했을 때 "어떻게 다시 일어설까?"를 고민하는 부모의 모습이 아이에게는 더 큰 격려가 됩니다. 실수는 비난의 대상이 아니라 효능감을 키우는 가장 좋은 훈련 재료이기 때문입니다.

아이의 뇌에 긍정의 회로를 심는 부모 코칭 에세이

작은 성공(Small Win)의 축적:
성벽을 쌓는 사소한 벽돌들

아이의 자존감은 어느 날 갑자기 하늘에서 떨어지는 기적이 아닙니다. 그것은 일상의 아주 사소한 성공들이 모여 만들어지는 단단한 성벽과 같습니다.

사소한 승리를 기록하기

오늘 아이가 화가 날 때 소리를 지르는 대신 심호흡을 한 번 했나요? 혹은 부모와 눈을 맞추고 3분 동안 자신의 이야기를 들려주었나요?

세밀한 격려

이 사소한 순간들을 놓치지 않고 "아까 네가 숨을 크게 쉬며 마음을 가라앉히려고 노력하는 모습이 정말 인상적이었어"라고 말해 주는 것, 이 작은 성공의 기록들이 모여 아이의 내면에 흔들리지 않는 효능감을 구축합니다. 이 사소한 격려의 조각들이 모일 때, 자녀와의 부정적 의사소통은 14.7%나 줄어들며 비로소 관계의 승리를 향한 문이 열립니다.

성장 엔진의 가동: 실패를 두려워하지 않는 용기

결과에 집착하기보다 '함께 노력해 보기로 한 과정' 자체를 축하할 때, 아이의 뇌는 실패를 두려워하지 않고 다시 도전하는 '성장 엔진'을 가동합니다.

미래를 향한 투자

부모의 단단한 효능감과 격려는 자녀의 자기조절 능력과 성장지향성을 자극하는 최고의 에너지원이 됩니다.

뇌 회로의 변화

아이를 온전히 신뢰하고 그 과정을 격려하는 것은 아이의 뇌 속에 긍정적인 미래 회로를 심어 주는 가장 확실한 투자입니다.

아이의 뇌에 긍정의 회로를 심는 부모 코칭 에세이

3) 성장의 뒷모습: 부모의 '불완전함'이
   아이에게 주는 선물

'완벽한 부모'라는 이름의 족쇄를 풀다

우리는 흔히 아이 앞에서 한 치의 실수도 없는 완벽한 부모가 되어야 한다고 믿습니다. 부모가 흔들리는 모습을 보이면 아이의 삶도 함께 무너질까 봐, 속으로는 폭풍이 일어도 겉으로는 아무렇지 않은 척 단단한 가면을 쓰곤 하지요. 하지만 아이에게 정말로 필요한 모델링은 결코 실수하지 않는 '신'과 같은 모습이 아닙니다. 오히려 실수했을 때 그 당혹감을 어떻게 다스리고, 무너진 관계를 어떻게 다시 일으켜 세우는지를 보여 주는 '성장하는 부모의 뒷모습'입니다.

용기 있는 고백: "미안해, 엄마(아빠)도
아직 배우는 중이야"

부모가 자신의 실수를 인정하는 것은 권위를 잃는 일이 아니라, 아이에게 세상에서 가장 따뜻한 '용기'를 가르치는 일입니다. "아까는 엄마(아빠)가 너무 지쳐서 감정을 조절하지 못하고 소리를 질렀네. 정말 미안해. 나도 부모 노릇은 처음이라 여전히 배우는 중이란다"라고 솔직하게 말해 보세요. 이 고백은 아이의 뇌 속에 흐르는 공포의 회로를 끄고, '실수해도 괜찮다, 다시 시작할 수 있다'는 안도감의 신경망을 구축합니다. 부모가 먼저 정직하게 자신의 빈틈을 보여 줄 때, 아이는 비로소 '완벽하지 않아도 사랑받을 수 있다'는 인생의 위대한 안도감을 배우게 됩니다.

가장 위대한 교육:
실수를 '배움의 데이터'로 정의하기

부모의 솔직함은 아이에게 실수를 대하는 근본적인 관점을 바꿔 줍니다. 실수는 더 이상 숨겨야 할 부끄러운 '비난의 대상'이 아니라, 다음 성장을 위해 우리가 무엇을 보완해야 할지 알려 주는 소중한 '배움의 데이터'가 됩니다. 부모가 먼저 자신의 실수를 성찰의 도구로 삼는 모습을 보일 때, 아이 또한 자신의 실패를 두려워하지 않고 다시 도전하는 단단한 효능감을 갖게 됩니다.

함께 걷는 파트너십:
지시자에서 신뢰할 수 있는 동반자로

부모가 먼저 마음의 거울을 닦고 "지난주에 아빠가 약속을 못 지켜

　　아이의 뇌에 긍정의 회로를 심는 부모 코칭 에세이

서 정말 미안해"라고 고백할 때, 두 사람 사이의 보이지 않는 벽은 허물어집니다. 아이는 이제 부모를 나를 감시하고 지시하는 지휘관이 아니라, 인생이라는 긴 항로를 함께 고민하며 걷는 '신뢰할 수 있는 삶의 파트너'로 여기게 됩니다. 부모의 불완전함은 아이를 위축시키는 결함이 아니라, 아이가 부모의 손을 잡고 함께 성장할 수 있게 만드는 따뜻한 빈틈이자 선물이 됩니다.

아이의 젖은 등을 토닥이며,
함께 성장해 나가는 당신에게

칭찬은 목적지에 도착했을 때만 켜지는 스포트라이트와 같지만, 격려는 오르막을 오르는 아이의 뒷모습을 비추는 다정한 등불입니다. 아이를 세우는 진정한 힘은 '무엇을 해냈느냐'가 아니라 '누구인가'를 바라보는 당신의 눈빛에서 나옵니다.

■ 결과 대신 '과정'을, 능력 대신 '존재'를 불러 주세요

"100점 맞아서 기쁘네"라는 결과보다 "네가 밤늦게까지 노력하던 뒷모습이 참 대견했어"라고 말해 주세요. 성취보다 더 눈부신 것은 아이가 쏟아 낸 진심 어린 땀방울입니다.

■ 실패한 날, 더 깊고 따뜻하게 안아 주세요

아이가 눈물을 흘리며 돌아온 그날이 바로 '존재의 격려'가 가장 필요한 순간입니다. "결과와 상관없이 너는 여전히 우리의 소중한 보물이야"라는 그 한마디가 아이 뇌의 공포 회로를 끄는 가장 강력한 스위치가 됩니다.

■ 완벽보다 '정직한 회복'을 선택하는 부모가 되어 주세요

"미안해, 엄마(아빠)도 부모 노릇은 처음이라 여전히 배우는 중이야"라고 말하는 당신의 솔직함이 아이에게는 세상에서 가장 따뜻한 모델링이 됩니다.

> "당신이 자신을 먼저 격려하고 평온해질 때, 자녀와의 부정적인 의사소통은 14.7%나 유의미하게 감소합니다. 당신이 오늘 보여 준 그 '성장하는 뒷모습'이 아이에게는 세상을 살아갈 가장 단단한 날개가 될 것임을 믿습니다."

부모 코칭 실천 로드맵:
행복한 가정을 만드는 습관

코칭은 머리로 이해하는 지식이 아니라, 삶으로 살아 내는 습관입니다. PART 4에서는 앞서 배운 철학을 우리 가족의 일상으로 가져와, 아이의 자율성이 꽃피고 부모의 사랑이 흐르는 구체적인 실천 전략을 제안합니다.

아이의 뇌에 긍정의 회로를 심는 부모 코칭 에세이

01

우리 가족만의 북극성,
'비전 맵' 만들기

1) 방향을 잃지 않는 항해를 위하여:
가족의 북극성 세우기

지휘봉을 내려놓고 마침내 마주한 바다

부모가 되는 순간 우리는 누가 시키지 않아도 손에 무거운 '지휘봉'을 쥐게 됩니다. 아이의 모든 행동을 교정하고, 부족한 부분은 수리해야 한다는 강박은 부모의 어깨를 짓누르는 무거운 짐이 되지요. 그러나 진정한 파트너십으로의 전환은 이 지휘봉을 내려놓고 아이에게 '질문의 마이크'를 건네는 용기에서 시작됩니다. 지휘봉을 내려놓은 손에는 이제 아이와 함께 목적지를 찾아갈 '공동의 나침반'이 쥐어져야 합니다.

망망대해와 같은 삶의 여정에서 아이가 스스로 키를 잡게 하려면, 온 가족이 함께 바라볼 수 있는 공통의 목적지가 반드시 필요합니다. '비전 맵(Vision Map)'은 단순히 집안의 지킬 거리를 나열하는 규칙판

이 아닙니다. 그것은 우리 가족이 삶에서 무엇을 가장 귀하게 여길 것인지 확인하고, 거친 파도 속에서도 길을 잃지 않게 해 줄 인생의 '북극성'을 세우는 경이로운 작업입니다.

수리공의 연장통 대신
파트너의 지도를 들다

우리는 흔히 아이를 '교정의 대상'으로 보고, 사랑이라는 이름 아래 아이의 개성을 깎아 내며 부모가 미리 그려 둔 지도 안에 가두려 합니다. 하지만 아이를 결함 있는 기계로 보는 시선은 아이의 신경망에 깊은 상처를 남길 뿐입니다.

비전 맵이 마련되는 순간, 부모의 역할은 '수리공(Fixer)'에서 '조력자(Partner)'로 극적으로 전환됩니다. 아이를 '자신의 삶을 스스로 설계하고 항해할 수 있는 온전한 주체'로 정의하기 시작할 때, 대화의 공기는 놀랍도록 달라집니다. 부모가 아이와 나란히 서서 같은 방향을 바라볼 때, 가정 내의 불필요한 마찰은 눈에 띄게 줄어들며 비로소 '관계의 승리'를 향한 기초가 다져집니다.

 아이의 뇌에 긍정의 회로를 심는 부모 코칭 에세이

과학이 약속하는 변화: 14.7%의 기적

이러한 관점의 변화는 단순한 위로가 아닌 과학적인 약속입니다. 연구 데이터가 증명하듯, 부모가 아이를 교정의 대상이 아닌 동등한 파트너로 인정하며 코칭의 태도를 취할 때, 가족을 괴롭히던 부정적 의사소통은 약 14.7%나 유의미하게 감소합니다.

이 숫자가 담고 있는 진짜 의미는 부모가 정답을 주지 않고 기다려 줄 때, 아이의 뇌가 스스로 길을 찾기 시작한다는 것입니다. 비전이라는 북극성이 선명할 때, 아이의 뇌는 불안을 담당하는 편도체를 잠재우고 지혜로운 경영자인 전두엽 CEO를 기꺼이 가동하게 됩니다. 부모가 자신의 불안을 내려놓고 비전이라는 북극성을 함께 신뢰할 때, 아이의 전두엽(CEO)에는 스스로 대안을 찾는 지혜의 불꽃이 튀기 시작합니다. 비전 맵을 만드는 일은 결국, 우리 아이라는 우주가 스스로 빛을 발할 때까지 그 곁을 다정하게 지켜 주는 믿음의 항해를 시작하는 첫걸음입니다.

2) 온 가족이 참여하는 가치 워크숍:
'화목 마실'에서 피어나는 진심

상하 관계의 감옥을 깨는 '화목 마실'의 연습

비전 맵을 그리는 과정은 단순히 우리 집의 규칙을 정하는 시간이 아닙니다. 그것은 부모와 자녀가 오랫동안 갇혀 있던 '명령'과 '순종'이라는 수직적 상하 관계의 감옥을 깨고 나오는 해방의 시간입니다. 진정한 코칭은 일주일에 한 번, 15분 동안 마주 앉아 서로의 고마움을 나누는 '화목 마실'의 정신에서 살아 움직입니다. 이 워크숍은 부모가 지휘봉을 내려놓고 아이와 나란히 서서 새로운 항로를 그려 나가는 수평적 파트너십의 실전 연습장이 되어 줄 것입니다. 이 연습의 핵심은 부모가 정답을 미리 정해 놓지 않고, 아이의 목소리가 가족의 가치라는 캔버스 위에 자유롭게 그려지도록 공간을 내어 주는 데 있습니다.

가치 단어 찾기:
질문의 마이크를 아이에게 건네다

비전 수립의 첫 단추는 "우리 가족이 가장 중요하게 생각하는 가치는 무엇일까?"라는 질문의 마이크를 아이에게 먼저 건네는 것입니다.

존재의 실감

정직, 배려, 도전, 성장과 같은 가치 단어들을 아이가 직접 고르게 하세요. 이 과정에서 아이는 자신이 가족이라는 공동체의 운명을 결정하는 중요한 구성원임을 온몸으로 실감하게 됩니다.

수평적 소통

부모의 의견을 강요하지 않고 아이의 선택에 귀를 기울일 때, 대화의 공기는 비로소 조력자(Partner)와 주체(Subject) 사이의 따뜻한 공명으로 채워집니다.

전두엽 CEO의 가동: 수동적 수용자에서 능동적 설계자로

아이가 직접 가치를 고민하고 선택하는 그 짧은 정적의 순간, 아이의 뇌 속에서는 경이로운 창조의 불꽃이 튀기 시작합니다.

설계자의 뇌로 탈바꿈

부모의 지시를 수동적으로 따르며 공포 회로인 '편도체'를 자극받던 뇌는, 이제 스스로 답을 찾기 위해 경영자인 '전두엽(CEO)'을 깨웁니다.

책임감의 엔진

질문의 마이크를 건네받은 아이의 뇌는 스스로를 '답을 가진 존재'로 인식하며, 단순한 수용자를 넘어 자신의 삶을 설계하는 능동적인 설계자로 탈바꿈하게 됩니다. 부모가 정답을 주지 않고 기다려 주는 그 '3초의 침묵'이 아이의 내면에서 책임감이라는 엔진을 가동하는 마법의 시간이 되는 것입니다.

3) 비전 문장과 공동의 약속:
'자기 결정성'의 근육을 키우는 시간

우리 가족의 영혼을 담은 헌법, 비전 문장

가치 워크숍을 통해 길어 올린 소중한 단어들은 이제 하나의 문장으로 엮여 우리 가족의 영혼을 담은 '비전 문장'으로 완성됩니다. "우리는 서로의 성장을 돕는 다정한 파트너가 된다" 혹은 "우리는 실패를 두려워하지 않고 함께 도전하는 배움의 공동체다"와 같은 선언은 단순히 벽에 걸린 장식품이 아닙니다. 그것은 폭풍우가 치는 일상 속에

    아이의 뇌에 긍정의 회로를 심는 부모 코칭 에세이

서 우리 가족이 함께 지켜 나갈 단 하나의 '가족의 영혼을 담은 약속'이
자, 어떤 상황에서도 돌아와야 할 마음의 고향이 됩니다.

자기 결정성의 강화: 아이의 심장에 새겨지는 약속

진정한 변화는 부모가 규칙을 선포할 때가 아니라, 아이가 직접 그
결정의 한복판에 서 있을 때 일어납니다. 부모가 일방적으로 금지하
고 명령하는 대신, 아이가 직접 비전 수립에 참여하고 자신의 의견을
반영할 때 그 약속은 아이의 심장에 깊이 각인됩니다.

이는 단순히 말을 잘 듣게 만드는 기술이 아닙니다. 아이가 자신의
선택에 책임을 느끼고 스스로 삶을 조율해 나가는 '자기 결정성(Self-
Determination)'의 근육을 키우는 가장 숭고한 훈련입니다. 스스로
선택한 가치를 지키려 애쓰는 과정에서 아이의 전두엽(CEO)은 더욱
단단하게 단련되며, 이는 훗날 거친 세상을 살아갈 가장 강력한 내면
의 무기가 됩니다.

성장의 이정표: 갈등의 순간에 꺼내 드는 나침반

이렇게 세워진 비전 맵은 평화로울 때보다 오히려 갈등의 순간에
그 진가를 발휘합니다. 아이가 약속을 어기거나 부모-자녀 간의 마찰

이 생겼을 때, 비전 맵은 상대를 비난하기 위한 지배의 지휘봉이 아닌, 우리가 지금 어디쯤 서 있는지 알려 주는 '나침반'이 되어 줍니다.

약속을 어긴 상황조차 비난의 근거가 아닌, 우리가 비전이라는 북극성에서 얼마나 멀어졌는지 확인하고 다시 돌아올 길을 찾는 소중한 '배움의 데이터'로 활용하세요. "우리가 정한 비전에서 지금 조금 멀어진 것 같은데, 어떻게 하면 다시 제자리로 돌아올 수 있을까?"라는 질문은 아이에게 자책 대신 다시 시작할 용기를 선물합니다. 비전 맵은 그렇게 우리 가족의 성장을 기록하는 가장 아름다운 이정표가 됩니다.

     아이의 뇌에 긍정의 회로를 심는 부모 코칭 에세이

북극성을 찾아, 아이와 함께
키를 잡은 당신에게

비전 맵을 만드는 일은 우리 아이라는 우주가 스스로 빛을 발할 때까지 그 곁을 다정하게 지켜 주는 믿음의 항해를 시작하는 첫걸음입니다. 완벽한 문장을 만들려 애쓰기보다, 그 속에 담길 우리 가족의 진심 어린 '함께함'을 축복해 주세요.

■ 사랑은 '판단'이 아닌 '끝까지 믿어 주는 것'입니다

아이의 실수를 비난의 화살이 아닌 '배움의 이정표'로 바라봐 주세요. 믿을 만해서 믿는 것은 판단이지만, 믿기 어려울 때조차 끝내 믿어 주는 것은 사랑이자 가장 숭고한 코칭입니다.

■ 아이의 뇌가 깨어나는 '정적'을 견뎌 주세요

워크숍 도중 아이가 한참 입을 떼지 못하더라도 조급해하지 마세요. 그 고요한 정적은 아이의 전두엽이 세상을 향해 자기만의 지도를 정성껏 그려 나가는 경이로운 창조의 시간입니다.

아이가 직접 단어를 고르고 약속을 세우는 그 과정 자체가 전두엽의 전원을 켜는 가장 강력한 스위치입니다. 아이에게 인생의 키를 쥐여 주는 용기를 낼 때, 14.7%의 기적은 우리 집 거실에서 비로소 완성됩니다.

> "당신이 지휘봉을 내려놓고 비전을 공유하는
> 파트너가 될 때, 아이는 부모라는 안전한
> 항구를 딛고 일어나 자신만의 눈부신 바다로
> 힘차게 나아갈 것입니다."

아이의 뇌에 긍정의 회로를 심는 부모 코칭 에세이

02

일상에서 즉시 사용하는 코칭 루틴

1) 작은 습관이 만드는 거대한 변화

일상이라는 평범한 모래알이 만드는 기적

부모 코칭의 기적은 어느 날 갑자기 하늘에서 떨어지는 거창한 이벤트가 아닙니다. 그것은 매일 아침 눈을 뜨고 다시 잠자리에 들 때까지, 일상의 사소한 순간들이 켜켜이 쌓여 만들어지는 인내와 사랑의 결과물입니다. 우리는 흔히 '아이를 어떻게 바꿀 것인가'에 대한 거대한 담론이나 특별한 교육법에 집중하곤 하지만, 사실 아이의 내면을 근본적으로 바꾸는 것은 매일 반복되는 다정한 말 한마디와 따뜻한 눈맞춤입니다. 우리는 아주 오랫동안 부모가 정답을 알고 아이를 이끌어야 한다는 무거운 '지휘봉'을 들고 가파른 산을 오르듯 양육해 왔습니다. 그러나 코칭의 루틴을 실천한다는 것은 그 무거운 지휘봉을 내려놓고, 아이와 보조를 맞추며 걷는 다정한 조력자가 되는 것을 의미합니다. 조력자가 된다는 것은 아이의 속도에 맞춰 걷기 위해 나의 조급함을 잠시 내려놓는 겸손한 선택에서 시작됩니다.

긍정의 회로, 뇌 속에 심어지는 긍정의 회로

교육 현장의 여러 연구 데이터가 증명하듯, 부모가 지시를 멈추고 기다림과 질문이라는 코칭의 루틴을 일상에 들일 때, 우리를 괴롭히던 부정적 의사소통은 14.7%나 유의미하게 감소하기 시작합니다.

이 14.7%라는 숫자는 단순히 싸움이 줄어들었다는 통계적 수치를 넘어섭니다. 그것은 부모가 정답을 주지 않고 기다려 줄 때, 아이의 뇌가 스스로 길을 찾기 시작한다는 과학적인 약속입니다. 매일의 작은 습관들이 모여 이룬 이 변화는 아이의 뇌 속에 긍정적인 미래 회로를 심어 주고, 이성적 사고의 중심지인 전두엽(CEO)에 스스로 대안을 찾는 불꽃을 틔우게 합니다.

관계의 혁명은 오늘, 지금 이 순간부터

지금 당장 아이의 모든 문제를 해결해야 한다는 조급함을 내려놓으세요. 관점을 바꾼다는 것은 내 아이라는 우주가 스스로 빛을 발할 때까지 그 곁을 다정하게 지켜 주는 믿음의 항해를 시작하는 일입니다. 오늘 당신이 건넨 부드러운 시작(Soft Startup)의 한마디, 아이의 서툰

아이의 뇌에 긍정의 회로를 심는 부모 코칭 에세이

감정에 붙여 준 다정한 이름표 하나가 모여 관계의 혁명을 완성합니다. 이 사소한 습관들이 켜켜이 쌓일 때, 비로소 14.7%의 변화라는 관계의 혁명이 우리 집 거실에서 완성됩니다. 이 꾸준한 발걸음이 모여 아이는 자신만의 인생 항로를 당당히 개척해 나가는 성장지향성을 일깨우게 될 것입니다.

2) 잠들기 전 10분, 마음 비추기: 정서적 안전 항구의 구축

세상에서 가장 다정한 마침표, 존재 인정의 시간

우리의 일상은 분주하고 때로 거칠지만, 하루를 마무리하는 잠들기 전 10분은 아이의 영혼을 온전히 수용할 수 있는 가장 신성하고 소중한 시간입니다. 이 '골든 타임'은 특별한 성과가 없어도 "네가 우리 곁에 있다는 것만으로도 정말 행복해"라는 무조건적인 지지를 보내는 '존재 인정의 힘'을 발휘하기에 더없이 좋은 순간입니다. 이 찰나의 연결은 아이의 내면에 세상 그 무엇보다 단단한 정서적 기둥을 세우는 기초가 됩니다.

감정의 숲을 밝히는 질문: "오늘 네 마음의 날씨는 어땠니?"

아이들의 내면은 때때로 길을 알 수 없는 깊은 숲과 같습니다. 그 안에서 일렁이는 뜨겁고 무거운 덩어리가 슬픔인지, 억울함인지 아이들은 미처 알지 못해 더 큰 혼란과 불안에 빠지기도 합니다. 이때 부모가 건네는 "오늘 네 마음의 날씨는 어땠니?"라는 다정한 질문은 아이의 마음을 여는 능동적인 사랑의 기술이자, 아이 스스로 자신의 마음속 안개를 걷어 내고 내면을 들여다보게 하는 가장 따뜻한 빛입니다. 또한 아이가 감정의 숲에서 길을 잃지 않도록 돕는 자비로운 경청의 시작입니다.

감정의 이름표: 편도체의 비명을 멈추는 마법의 주문

앞서 언급한 '이름을 붙여 길들이는(Name it to tame it)' 원리는 바로 이런 순간에 강력한 힘을 발휘합니다. 실체가 없는 두려움은 공포가 되지만, 이름이 붙여진 감정은 비로소 다스릴 수 있는 대상이 되기 때문입니다. 아이가 자신의 감정을 "속상했어", "서운했어"와 같이 구체적인 단어로 표현할 수 있도록 다정한 '이름표'를 선물해 주세요.

단지 감정을 언어화하는 것만으로도 아이 뇌의 비상벨인 '편도체'는 비명을 멈추고 안정을 찾기 시작합니다. 감정의 폭풍이 잦아든 자리에 아이 뇌의 경영자인 전두엽(CEO)이 깨어나, 스스로 상황을 바라보

 아이의 뇌에 긍정의 회로를 심는 부모 코칭 에세이

고 해결할 수 있는 '여유'라는 에너지를 얻게 됩니다.

맑은 거울이 되어 주는 부모: 안전 기지에 내리는 닻

부모가 어떤 판단도 섞지 않은 채 아이의 마음을 있는 그대로 비춰 주는 '맑은 거울'이 되어 줄 때, 아이는 비로소 '세상에 내 편이 있다'는 깊은 정서적 해방감을 느낍니다. 부모라는 안전한 기지 안에서 감정이 진정될 때, 아이는 깊은 안정감을 느끼며 비로소 부모라는 '안전한 항구'에 닻을 내리게 됩니다. 이 따뜻한 수용의 경험은 아이가 내일을 다시 설계하고 성장할 수 있는 가장 강력한 에너지원이 되어 줄 것입니다. 항구에 닻을 내린 배가 다음 항해를 위해 전열을 가다듬듯, 아이는 부모라는 안전지대에서 내일로 나아갈 용기를 충전합니다.

3) 감사 일기와 작은 성공(Small Win) 공유: 전두엽 CEO 엔진의 가동

사소한 벽돌이 쌓여 만드는 자존감이라는 성벽

아이의 자존감은 어느 날 갑자기 하늘에서 떨어지는 기적이나 거창한 성취로 이루어지는 것이 아닙니다. 그것은 일상의 아주 사소한 성공들이 마치 벽돌처럼 하나하나 정성스럽게 쌓여 만들어지는 가장 견고한 내면의 요새와 같습니다. 부모가 아이의 화려한 결과물에만 환호하는 대신, 그 성벽을 쌓아 올리는 매일의 성실한 손길을 발견해 줄 때 아이의 내면에는 결코 무너지지 않는 자기 신뢰의 뿌리가 내리기 시작합니다.

과정의 땀방울 읽어 주기:
목적지가 아닌 '뒷모습'에 대하여

아이를 진정으로 세우는 힘은 결과라는 목적지에 도착했을 때 켜지는 스포트라이트가 아니라, 그곳을 향해 묵묵히 걸어가는 아이의 '뒷모습'에 귀를 기울이는 부모의 시선에서 나옵니다. "100점을 맞았으니 똑똑하다"는 결과 중심의 평가 대신, 아이가 일상에서 치열하게 겪

아이의 뇌에 긍정의 회로를 심는 부모 코칭 에세이

어 낸 과정을 구체적으로 읽어 주세요. "아까 동생 때문에 화가 났을 때, 소리를 지르는 대신 심호흡을 크게 한 번 해내며 마음을 가라앉히려고 노력하는 네 모습이 정말 인상적이었어"라고 말해 주는 것이 아이의 영혼을 깨우는 진정한 격려입니다. 결과라는 열매보다 그 열매를 맺기 위해 견뎌 낸 아이의 계절을 읽어 주는 부모의 시선이 14.7%의 기적을 현실로 만듭니다.

전두엽(CEO) 엔진의 가동: 실패를 두려워하지 않는 용기

이러한 '작은 성공(Small Win)'의 축적은 아이 뇌의 경영자인 '전두엽'의 전원을 켜는 가장 확실한 스위치가 됩니다. 부모가 결과의 승패에 집착하기보다 '함께 노력해 보기로 한 과정' 자체를 축하하고 공유할 때, 아이의 뇌 안에서는 경이로운 변화가 일어납니다. 실패하더라도 그것은 비난의 대상이 아니라 다음 성장을 위한 소중한 '배움의 데이터'로 정의되며, 아이의 뇌는 두려움 없이 다시 도전하는 강력한 '성장 엔진'을 힘차게 가동하기 시작합니다.

자기 결정성 강화: 스스로 인생을 설계하는 주인공

매일 작은 성취를 스스로 발견하고 감사 일기를 통해 공유하는 습관은, 아이가 자신의 삶을 주체적으로 설계하는 '자기 결정성'의 근육을 키우는 최고의 훈련입니다. 부모가 지휘봉을 내려놓고 질문의 마이크를 건네며 아이의 작은 성공을 함께 기뻐할 때, 아이는 자신이 대화와 삶의 진정한 주체임을 깊이 인식하게 됩니다. 스스로 선택하고 결정하며 얻은 이 사소한 승리들은 아이에게 '나는 할 수 있다'는 단단한 효능감을 선물하며, 자신의 삶을 스스로 책임지는 당당한 인생의 주인공으로 우뚝 서게 만듭니다.

매일의 작은 기적을 쌓아,
14.7%의 약속을 완성하는 당신에게

부모 코칭의 기적은 어느 날 갑자기 일어나는 이벤트가 아닙니다. 매일 아침 건네는 부드러운 시작의 한마디, 잠들기 전 아이의 젖은 마음을 닦아 주는 10분의 시간이 모여 아이의 뇌 속에 눈부신 긍정의 회로를 심습니다.

■ 완벽보다 '연결'의 루틴을 선택하세요

오늘 아이와 부딪혔더라도 괜찮습니다. 잠들기 전 "아까는 엄마(아빠)가 소리를 질러서 미안해"라고 먼저 손을 내미는 정직한 뒷모습이 아이에게는 가장 위대한 성장의 모델링이 됩니다.

■ 감정의 이름을 다정하게 선물해 주세요

"오늘 네 마음의 날씨는 어땠니?"라고 물으며 아이의 감정에 이름표를 달아 주세요. 이름을 붙이는 것만으로도 비명 지르던 편도체는 잠잠해지고, 전두엽 CEO는 스스로 답을 찾을 여유를 얻습니다.

아이가 스스로 답을 조립할 수 있도록 기다려 준 3초의 정적, 실수를 고백한 아이를 안아 준 그 찰나가 모두 소중한 자존감의 재료입니다.

> "결과가 어떠하든 함께 노력한 시간 자체를
> 축제처럼 즐겨 보세요. 당신이 전두엽의 불꽃을
> 지켜 주려 애쓰는 매 순간, 이미 14.7%의
> 기적은 당신의 가정에서 숨 쉬고 있습니다."

03

디지털 시대를 살아가는
아이를 위한 코칭

1) 통제의 지휘봉을 내려놓는 결단:
조력자로 나란히 서기

부모라는 항구를 떠나 스스로 항해할 아이를 위하여

특히 눈에 보이지 않는 디지털 세상에서 아이를 따라다니며 감시하기란 불가능에 가깝습니다. 이제 부모는 차단막을 치는 수문장이 아니라, 아이가 스스로 필터를 장착하도록 돕는 정교한 조력자가 되어야 합니다. 부모 코칭이 지향하는 최종 목적지는 명확합니다. 그것은 아이가 부모라는 따뜻한 항구를 떠나, 스스로 자신의 인생 항로를 설계하고 거친 바다를 당당히 항해할 수 있는 '온전한 주체'로 성장하도록 돕는 것입니다. 이를 위해 우리 부모들에게 가장 필요한 것은 아이를 고쳐야 할 '교정의 대상'이나 결함 있는 기계로 보는 시선을 거두는 일입니다. 대신 아이 안에 스스로 답을 찾을 힘이 있음을 온전히 믿어주는 '기다림의 용기'를 내어야 합니다.

찰나의 순간에 일어나는 혁명, '질문의 마이크'

우리가 지시의 지휘봉을 휘두르던 손을 거두고 질문의 마이크를 건네는 그 찰나의 순간, 아이의 내면에서는 소리 없는 혁명이 일어납니다. 아이는 비로소 자신이 부모의 부속물이 아니라 대화와 삶의 진정한 주체임을 인식하게 됩니다. 부모가 일방적인 지휘관의 자리를 내려놓고 다정한 조력자(Partner)의 자리로 옮겨 앉을 때, 아이는 비로소 정서적 안전지대 안에서 숨을 쉬며 강력한 성장의 에너지를 얻게 됩니다.

권위의 상실이 아닌 '신뢰의 승리'

많은 부모님이 수평적인 파트너십을 선택할 때 "부모로서의 권위를 잃는 것은 아닐까" 하는 두려움을 느낍니다. 하지만 진정한 권위는 억압이나 두려움이 아니라 '신뢰'에서 나옵니다. 부모가 지휘봉을 내려놓고 아이와 나란히 서서 새로운 항로를 그려 나갈 때, 관계는 더 이상 명령과 복종의 굴레에 갇히지 않습니다. 이는 권위의 포기가 아니라, 아이의 전두엽에 스스로 대안을 찾는 불꽃을 틔워 주는 가장 지혜로운 '신뢰의 승리'입니다. 부모가 통제의 지휘봉을 내려놓고 질문의 마이크를 건넬 때, 아이의 뇌는 타율적인 복종이 아닌 자율적인 조절을 위해 전두엽의 전원을 켜게 됩니다.

 아이의 뇌에 긍정의 회로를 심는 부모 코칭 에세이

2) 전두엽 CEO의 실전 훈련:
자기 결정성 근육을 키우는 법

잠들어 있는 뇌의 경영자를 깨우는 신호

부모가 아이에게 선택권을 넘겨주는 행위는 단순히 아이의 고집을 받아 주거나 방임하는 것이 아닙니다. 그것은 아이 뇌의 경영자인 '전두엽(CEO)'을 깨우기 위한 가장 고도의 교육적 행위이자 정교한 코칭의 기술입니다. 예를 들어 디지털 기기 사용 시간을 아이 스스로 정하게 하는 것은, 뇌 속 경영자인 CEO에게 실질적인 운영권을 맡겨 보는 가장 고난도의 경영 실습과 같습니다. 부모가 정답을 내리꽂는 지시의 지휘봉을 멈추고 스스로 결정할 수 있는 선택의 기회를 건넬 때, 아이의 뇌 안에서는 수동적인 수용자에서 능동적인 설계자로 탈바꿈하는 경이로운 변화가 일어납니다.

책임감의 엔진 가동:
'남의 옷'을 벗고 나만의 답을 찾다

부모가 일방적으로 준 정답은 아이에게 잠시 빌려 입은 '맞지 않는 옷'과 같습니다. 특히 부모가 강제로 설정한 '스마트폰 사용 금지' 규칙은 아이의 몸에 맞지 않아 결국 갈등이라는 실밥이 터져 나오기 마련입니다. 아무리 좋은 옷이라도 내 몸에 맞지 않으면 불편하듯, 부모의 지시는 아이에게 깊이 각인되지 못한 채 금세 잊히고 맙니다. 하지만 전두엽의 치열한 고민 끝에 아이 스스로 찾아낸 대안은 다릅니다. 비록 조금 어설프더라도 자신이 직접 선택한 답은 아이의 심장에 깊이 새겨지며, 삶을 움직이는 강력한 생명력과 '책임감이라는 엔진'을 가동하게 만듭니다.

자기 결정성의 강화: 사소한 선택이 만드는 단단한 근육

운동을 통해 근육을 키우듯, 스스로 결정하는 능력 또한 반복적인 연습이 필요합니다. 오늘 무엇을 입을지, 어떤 공부를 먼저 시작할지와 같은 아주 사소한 일상부터 스스로 결정하고 그 결과에 책임을 지는 경험은 아이에게 '자기 결정성'이라는 탄탄한 마음의 근육을 선물합니다. 이러한 경험이 벽돌처럼 켜켜이 쌓일 때, 아이는 어떤 풍랑에도 흔들리지 않는 단단한 자존감의 뿌리를 내리게 됩니다.

자율성의 개화: 내 삶의 진정한 주인공으로 서기

부모의 지휘봉이 사라진 자리에 비로소 아이의 자율성이 꽃을 피우기 시작합니다. 부모가 지휘관이 아닌 다정한 조력자(Partner)가 되어 아이의 목소리에 귀를 기울일 때, 아이는 부모라는 안전 기지 안에서 자신만의 인생 항로를 설계할 용기를 얻습니다. 스스로 삶을 설계하고 책임지는 진정한 주인공으로 성장하는 이 위대한 에너지는, 부모가 아이를 '답을 가진 온전한 존재'로 믿어 줄 때 비로소 완성됩니다.

3) 실수를 '성장 데이터'로 수용하는 태도: 실패를 두려워하지 않는 항해사

두려움 너머의 풍경: 실수는 결함이 아닌 정보입니다

아이에게 선택권을 넘겨주었을 때 부모를 가장 주저하게 만드는 것은 바로 아이의 '실수'에 대한 두려움입니다. 하지만 코칭의 철학에서 실수는 비난받아야 할 결함이나 수치스러운 오점이 아닙니다. 그것은 오히려 아이가 자신만의 인생 지도를 그려 나가는 과정에서 만나는 가장 정직하고 소중한 '성장 데이터(Growth Data)'이자 자기 조절력을 키우는 자양분'입니다.

항해사가 거친 파도를 겪으며 바다의 흐름을 익히듯, 아이는 실수를 통해 자신의 선택을 수정하고 보완하는 법을 배웁니다. 부모가 아이의 시행착오를 '문제'가 아닌 '성장의 이정표'로 바라볼 때, 아이는 비로소 실패의 공포에서 벗어나 당당한 인생의 항해사로 거듭나게 됩니다.

비난의 화살 대신 '배움의 나침반'을 건네는 대화

선택의 결과가 기대에 미치지 못했을 때, 부모가 던지는 "거봐, 내가 뭐랬니?"라는 차가운 반응은 아이를 과거의 후회 속에 가두는 감옥이 됩니다. 이때 필요한 것은 비난의 화살이 아니라 미래를 향한 '배움의 나침반'입니다.

질문의 전환

"왜 그랬어?"라는 추궁 대신 "이번 경험을 통해 우리가 새롭게 알게 된 건 뭘까?"라고 물어봐 주세요.

뇌 과학적 평화

이러한 다정한 질문은 공포를 담당하는 '편도체'의 비명을 잠재우고, 이성적 사고의 중심지인 '전두엽(CEO)'을 깨워 스스로 대안을 찾게 합니다. 부모가 실수를 '실패'가 아닌 '업데이트해야 할 데이터'로 정의해 줄 때, 아이는 비로소 비난에 대한 공포 없이 자신의 행동을 수정할 지혜를 발휘합니다.

    아이의 뇌에 긍정의 회로를 심는 부모 코칭 에세이

회복탄력성의 완성

　실수를 성장의 재료로 정의해 줄 때, 아이는 어떤 좌절 앞에서도 다시 일어설 수 있는 단단한 회복탄력성을 얻게 됩니다.

가장 위대한 모델링

　"나도 배우는 중이야." 아이에게 줄 수 있는 가장 위대한 교육은 부모가 자신의 실수를 대하는 태도에서 나옵니다. 부모가 완벽해야 한다는 강박을 내려놓고 솔직하게 자신의 부족함을 인정할 때, 아이는 가장 강력한 성장의 모델링을 경험합니다. "미안해, 아빠(엄마)도 부모 노릇은 처음이라 여전히 배우는 중이란다"라고 먼저 손을 내밀어 보세요. 부모의 정직한 고백은 아이에게 실수를 감추어야 할 수치가 아닌, 함께 해결책을 찾아갈 '배움의 데이터'로 인식하게 만드는 따뜻한 빈틈이자 선물이 됩니다.

디지털 바다를 항해할
아이의 손을 잡은 당신에게

아이에게 선택권을 넘겨주는 것은 권위를 잃는 것이 아니라, 아이에게 인생의 키를 쥐여 주는 가장 위대한 위임입니다. 보이지 않는 세상 속에서도 아이가 스스로 길을 찾을 수 있도록, 이제 지휘봉 대신 신뢰의 나침반을 건네주세요.

■ 질문의 마이크를 믿고 기다려 주세요

질문을 던진 뒤 찾아오는 그 짧은 '3초의 정적'은 아이의 전두엽이 세상을 향해 자기만의 지도를 그려 나가는 가장 경이로운 창조의 시간입니다.

■ 실수를 '성장 데이터'로 축하해 주세요

아이의 선택이 실패로 돌아가더라도 비난하지 마세요. 그 순간은 비난의 대상이 아니라 "이번 경험을 통해 우리가 새롭게 알게 된 건 뭘까?"라고 물으며 다음 성장을 준비하는 소중한 배움의 기회입니다.

아이의 뇌에 긍정의 회로를 심는 부모 코칭 에세이

■ 당신의 정직한 뒷모습을 믿으세요

"미안해, 아빠(엄마)도 배우는 중이야"라고 먼저 실수를 인정하는 모습은 아이에게 가장 위대한 성장의 모델링이 됩니다.

> "부모가 조력자로서 자신의 약함을 솔직하게 공유하고 아이의 과정을 격려할 때, 자녀와의 부정적인 의사소통은 14.7%나 유의미하게 감소합니다. 당신의 그 용기 있는 위임이 아이가 평생을 살아갈 자존감의 뿌리가 될 것임을 확신합니다."

부모의 행복이 코칭의 완성이다

　부모 코칭의 여정은 아이를 바꾸는 길인 동시에, 부모인 나 자신이 함께 자라 가는 길입니다. 내가 행복해야 아이에게 줄 사랑의 잔도 비로소 넘쳐흐를 수 있기 때문입니다. 이 마지막 장에서는 코칭의 주체인 '부모의 마음'을 깊이 들여다보고, 지속 가능한 행복을 만드는 내면의 성장을 다루고자 합니다.

아이의 뇌에 긍정의 회로를 심는 부모 코칭 에세이

01

부모의 '자기 자비(Self-Compassion)': 나를 먼저 안아 주는 용기

1) 죄책감이라는 무거운 배낭 내려놓기

세상에서 가장 무거운 배낭, '완벽'

우리는 부모가 되는 그 경이로운 찰나, 생전 경험해 보지 못한 거대한 배낭 하나를 어깨에 짊어지게 됩니다. 그 배낭 안에는 내 아이를 향한 무한한 사랑과 책임감이라는 소중한 가치들이 담겨 있지만, 동시에 '단 한 치의 오차도 없는 완벽한 보호자가 되어야 한다'는 서슬 퍼런 강박이 단단히 자리 잡고 있습니다. 아이에게 세상의 최고만을 주고 싶다는 부모의 숭고한 열망은 안타깝게도 시간이 흐를수록 우리의 살을 파고드는 날카로운 가시가 되어 돌아옵니다. '완벽한 부모'라는 이름의 신화는 때로 부모와 아이 모두를 숨 막히게 하는 투명한 감옥이 되기도 합니다. 많은 부모가 '내가 더 잘했더라면'이라는 죄책감의 무거운 배낭을 메고 아이를 대합니다. 하지만 이 무거운 배낭은 정작 아이에게 다가가야 할 우리의 발걸음을 늦출 뿐입니다. 부모가 죄책감

의 무게에 짓눌려 있을 때, 아이는 부모의 사랑보다 부모의 불안을 먼
저 읽어 내기 때문입니다.

가장 가혹한 비판자가 된 '나'에게

우리는 아이가 기대에 어긋나거나 작은 실수를 할 때마다 그 화살
을 나 자신에게로 돌리곤 합니다. "나는 왜 이것밖에 못 할까?", "내 실
수 때문에 아이의 인생이 영영 잘못되면 어떡하지?"라는 자책의 목소
리는 우리의 어깨를 짓누르는 무거운 돌덩이가 되어 아이와 함께 걷
는 그 아름다운 길을 고통스러운 행군으로 바꾸어 놓습니다.

아이러니하게도 완벽주의적 성향이 강한 부모일수록 양육 스트레
스는 더 높아지고, 스스로를 신뢰하는 마음인 '부모 효능감(Parental
Self-Efficacy)'은 바닥으로 떨어지게 됩니다. 효능감이 떨어진 자리에
는 날 선 분노와 짜증이 장악하고, 아이를 향한 고함으로 이어지는 비
극이 반복되곤 합니다. 이것이 바로 정교하게 닦으려 노력할수록 마
음의 그릇이 더 쉽게 깨져 버리는 '완벽의 역설'입니다. 결국 완벽을
추구할수록 우리는 아이에게 가장 불완전한 정서적 환경을 제공하게
되는 셈입니다.

　　　　아이의 뇌에 긍정의 회로를 심는 부모 코칭 에세이

자기 자비: 아이의 손을 잡기 전,
나를 먼저 안아 주는 용기

진정한 부모 코칭의 첫걸음은 타인에게 베푸는 다정함을 나 자신에게 먼저 돌려주는 '자기 자비(Self-Compassion)'에서 시작됩니다. 내가 나를 먼저 따뜻하게 안아 줄 때, 비로소 아이의 서툰 시행착오를 온전히 수용할 수 있는 정서적 여유가 생겨나기 때문입니다. 부모가 자신을 비난할 때 뇌의 편도체는 위협을 느껴 비상벨을 울리지만, 스스로를 다독이는 '자기 자비'를 실천할 때 비로소 편도체는 안정을 찾고 전두엽의 지혜로운 목소리가 들리기 시작합니다.

제가 마주한 여러 연구는 부모가 완벽주의의 족쇄를 풀고 "나도 실수할 수 있는 인간이며, 지금 이대로도 충분히 애쓰고 있다"라고 자신을 수용할 때 양육 스트레스가 비약적으로 감소한다는 사실을 증명해 줍니다. 부모가 자신을 먼저 격려하고 사랑할 때, 그 넉넉한 마음의 에너지는 아이에게 그대로 전달되는 가장 비옥한 자양분이 됩니다.

우리가 앞서 확인한 부정적 대화 14.7% 감소라는 기적적인 변화는 기술의 숙련도가 아니라, 부모가 자신을 신뢰하고 따뜻하게 수용하는 '자기 자비'라는 토양 위에서만 비로소 꽃을 피울 수 있습니다. 완벽한 부모라는 무거운 배낭을 내려놓고 '성장하는 부모'가 되기로 결심하는 오늘, 당신의 가정에는 비로소 웃음과 평온이라는 훈풍이 불어오기 시작할 것입니다.

2) 나에게 건네는 다정한 질문: "오늘 참 애썼다"

상담실의 젖은 눈동자, '실패한 부모'라는 낙인

상담실의 문을 열고 들어오는 부모님들의 어깨 위에는 세상에서 가장 무거운 배낭이 놓여 있곤 합니다. 사춘기의 안개 속에서 길을 잃고 방황하는 아이를 둔 준이 어머니 역시 그 무거운 배낭을 내려놓지 못한 채 저를 찾아오셨습니다. 어머니는 늘 젖은 눈으로 이야기를 시작하며, 모든 화살을 자신에게로 돌리셨지요. "선생님, 제가 직장 생활을 하느라 아이를 충분히 돌보지 못해서 이런 일이 생긴 것 같아요. 제가 조금 더 참고 기다렸어야 했는데….."

어머니는 스스로를 '실패한 부모'라는 자책의 창살 안에 가두고 계셨습니다. 하지만 부모가 자책의 늪에 빠져 허우적거릴 때, 정작 그 옆에서 손을 잡아 주어야 할 아이는 더 큰 외로움과 공포를 느끼게 됩니다. 부모의 자책은 아이를 구원하는 통로가 아니라, 오히려 두 사람 사이를 가로막는 단단한 벽이 되기 때문입니다. 부모가 과거의 후회에 묶여 있을 때, 아이는 부모의 '부재'가 아닌 '정서적 단절'을 경험하게 됩니다.

아이의 뇌에 긍정의 회로를 심는 부모 코칭 에세이

말하지 않아도 전해지는 '불안의 주파수'

우리는 부모로서 자신의 불안과 죄책감을 감추기 위해 부단히 노력합니다. 애써 미소를 짓고 다정한 말투를 골라 쓰며 나의 초조함을 들키지 않으려 애쓰지요. 하지만 아이들의 정서적 안테나는 우리가 상상하는 것보다 훨씬 예민하고 정교합니다. 아이들은 부모의 화려한 미사여구보다, 찰나에 스쳐 지나가는 경직된 표정, 무의식중에 새어 나오는 무거운 한숨, 그리고 흔들리는 눈빛을 통해 부모의 진심을 읽어 냅니다.

부모가 내면에서 쏘아 올린 그 내밀한 불안은 보이지 않는 주파수가 되어 아이의 마음으로 고스란히 흘러 들어갑니다. 이것이 바로 '불안의 그림자 전이'입니다. 뇌 과학에서는 이를 '정서적 전염(Emotional Contagion)'이라고 부릅니다. 부모의 불안을 수신한 아이의 뇌에서는 조용한 비명이 터져 나오기 시작합니다. 부모의 어두운 표정은 아이의 뇌 속 '편도체'를 자극하여 "세상은 위험한 곳이며, 너는 무언가를 해내기에 부족한 존재다"라는 무의식적인 위협 신호를 보내게 됩니다. 이때 아이는 전두엽의 전원을 끄고 생존을 위한 방어 기제를 작동시킵니다. 우리가 앞서 확인한 14.7%의 변화가 어려운 이유는, 바로 부모의 불안이 아이의 전두엽을 잠재워 버리기 때문입니다. 즉, 부모의 평온함이야말로 아이의 전두엽 CEO를 깨우는 가장 정교한 리모컨인 셈입니다.

인간적인 부모의 힘: 회복탄력성이라는 유산

저는 고개를 숙인 어머니의 손을 가만히 맞잡고 말씀드렸습니다. "어머니, 이제 스스로에게 이렇게 물어봐 주세요. '오늘 내가 한 실수보다, 그 실수 속에서도 준이를 사랑하려 애쓴 내 진심은 무엇이었나?' 이 질문 하나가 자책의 벽을 허무는 시작입니다."

부모가 완벽주의라는 족쇄를 풀고 자신의 취약성을 인정할 때, 아이는 비로소 정서적 안전지대를 발견합니다. 부모가 "미안해, 엄마도 배우는 중이야"라고 말하며 다시 웃으며 일어날 때, 아이는 실패를 두려워하지 않고 다시 도전할 수 있는 회복탄력성이라는 평생의 유산을 선물받게 됩니다. 당신이 먼저 자신을 껴안고 평온해지는 것, 그것이 아이의 뇌 속에 14.7%의 긍정적인 변화를 불러오는 가장 위대한 코칭의 완성입니다.

3) 완벽이 아닌 '회복'을 선택하는 용기

완벽이라는 신화에서 내려와, 인간이 되는 시간

우리는 끊임없이 스스로에게 묻습니다. "나는 정말 좋은 부모일까?" 이 질문은 때로 우리를 자책의 늪으로 밀어 넣습니다. 하지만 이제 질문의 방향을 조금 바꾸어 보아야 합니다. "우리는 정말 '완벽한' 부모여야만 할까?" 영국의 저명한 정신분석학자 도널드 위니콧(Donald Winnicott)은 우리에게 혁명과도 같은 개념 하나를 일깨워 주었습니다. 바로 '충분히 좋은 부모(Good Enough Parent)'입니다.

위니콧은 아이에게 필요한 존재는 결점 하나 없는 완벽한 신이 아니라고 말합니다. 오히려 때로는 실수도 하고, 아이의 요구를 즉각적으로 들어주지 못할 때도 있지만, 그 빈틈을 통해 다시 아이와 연결되려 노력하는 '인간적인 부모'가 아이에게는 훨씬 더 유익하다는 것입니다. 부모가 완벽하지 않기에 아이는 그 틈 사이에서 스스로 세상을 견디고 해결하는 법을 배우며 독립적인 존재로 자라날 수 있기 때문입니다. 부모의 적당한 결핍은 아이에게 '좌절을 견디는 힘'을 길러 주며, 스스로 삶의 주도권을 쥐게 하는 최고의 교육적 공간이 됩니다.

나를 믿는 힘, 부모 효능감의 기적

'충분히 좋은 부모'가 된다는 것은 단순히 노력을 멈추는 것이 아닙니다. 그것은 완벽이라는 허상을 포기하는 대신, '부모 효능감(Parental Self-Efficacy)'이라는 단단한 무기를 선택하는 과정입니다. 부모 효능감이란 부모로서 마주하는 여러 도전들을 내가 충분히 잘 해낼 수 있다는 스스로에 대한 믿음입니다.

부모가 "나도 배우는 중이야"라고 스스로를 다독이며 완벽의 족쇄를 풀 때, 바닥까지 떨어졌던 효능감은 비로소 회복되기 시작합니다. 내가 완벽하지 않아도 괜찮다는 안도감은 부모의 정서를 안정시키며, 이 평온함은 고스란히 아이에게 전달되어 최고의 성장 에너지원이 됩니다. 불안이 걷힌 자리에는 아이를 향한 여유로운 시선이 들어차고, 이는 곧 자녀와의 긍정적인 상호작용으로 직결됩니다. 부모가 자신의 실수를 수용하고 '다시 시작할 수 있다'고 믿는 순간, 불안으로 요동치던 편도체는 안정을 찾고 지혜로운 전두엽 CEO가 다시 지휘봉을 잡게 됩니다. 이것이 바로 부모 효능감이 가진 뇌 과학적 회복의 힘입니다.

맑은 거울이 되어 주는 부모: 존재 자체를 안아 주는 빛

나에게 친절한 부모만이 아이의 실수 앞에서도 비난의 화살 대신 "그럴 수 있어"라고 말해 주는 따뜻하고 '맑은 거울'이 되어 줄 수 있습니다. 거울은 앞에 서 있는 사람의 모습을 있는 그대로 보여 줄 뿐, 비판하거나 지시하지 않습니다. 부모가 정직하고 따뜻한 거울이 되어 아이의 마음을 있는 그대로 비춰 줄 때, 아이는 비로소 '세상에 내 편이 있다'는 깊은 정서적 해방감을 느낍니다.

부모가 먼저 마음의 거울을 닦고 자신의 불완전함을 수용할 때, 아이는 부모라는 거울 속에 비친 자신의 모습을 사랑하며 건강한 어른으로 자라나게 됩니다. 당신이 비춰 주는 그 맑은 빛을 따라, 아이는 자신만의 당당한 인생 항로를 개척해 나갈 것입니다. 이것이 바로 부

 아이의 뇌에 긍정의 회로를 심는 부모 코칭 에세이

모 코칭이 꿈꾸는 가장 아름다운 결말이자, 나 자신에게 먼저 다정한 거울이 되어 줄 때, 비로소 아이를 향한 비난의 화살은 멈추고 14.7% 의 긍정적인 변화라는 기적의 항해가 완성됩니다.

완벽이라는 짐을 내려놓고, 자신만의 북극성을 찾아가는 당신에게

부모 코칭의 마지막 조각은 아이가 아닌, 바로 '당신'의 마음에서 완성됩니다. 아이를 닦달하던 지휘봉을 내려놓고, 그 손으로 먼저 당신 자신을 따뜻하게 안아 주세요.

■ '실패한 부모'라는 낙인을 떼어 내세요

당신의 실수는 실패가 아니라, 더 나은 부모로 나아가기 위한 소중한 '성장 데이터'입니다. 나를 먼저 용서할 때, 비로소 아이를 비추는 당신의 거울은 맑은 빛을 되찾습니다.

■ 불안 대신 '평온의 주파수'를 선택하세요

당신이 자신을 다독이며 평온해지는 3초의 시간은 아이의 뇌 속에 흐르는 불안의 비명을 잠재우는 가장 강력한 스위치입니다. 관계의 눈부신 변화는 당신의 평온함에서 시작됩니다.

　아이의 뇌에 긍정의 회로를 심는 부모 코칭 에세이

■ '충분히 좋은 부모'면 그것으로 족합니다

완벽한 신이 되려 하지 마세요. 실수하고 다시 웃으며 일어나는 당신의 '인간적인 뒷모습'이 아이에게는 세상 그 무엇보다 귀한 '회복탄력성'이라는 유산이 될 것입니다.

> "당신이 자신을 믿고 사랑하기 시작할 때,
> 아이는 부모라는 안전한 항구에서 비로소
> 자신만의 눈부신 항해를 시작할 것입니다.
> 당신은 지금 이대로도 이미 충분히 눈부신
> 부모입니다."

02

내 안의 '아이' 돌보기:
상처의 대물림을 끊는 용기

1) 상처의 대물림을 끊는 용기:
익숙한 감옥에서 걸어 나오기

사랑으로 포장된 투명한 감옥

부모가 되어 아이와 마주 앉는 순간, 우리는 나조차 잊고 지냈던 아주 오래된 지도를 무의식적으로 꺼내 듭니다. 그것은 어린 시절 의식하지 못하는 사이에 대물림된 원가족의 수직적이고 강압적인 양육 지도입니다. 아이는 부모의 입술 끝에서 나오는 매끄럽게 다듬어진 훈계보다, 부모의 삶 전체가 뿜어내는 보이지 않는 기운과 태도인 '모델링(Modeling)'을 훨씬 더 빠르게 흡수하며 자라납니다.

만약 우리가 어린 시절 '틀려서는 안 된다' 혹은 '무조건 완벽해야 한다'는 서슬 퍼런 완벽주의의 공기 속에서 자랐다면, 그 무거운 대물림의 사슬은 우리 내면에 단단하고 높은 벽을 쌓아 올립니다. 이 벽은 사랑이라는 이름으로 정성스럽게 포장되어 있을지 모르나, 실상은 아이의 존재를 있는 그대로 바라보지 못하게 가로막는 '투명한 감옥'과 같습니다. 부모가 이 완벽이라는 허상을 좇을 때, 아이는 부모의 기대라는 창살에 갇혀 자신의 빛을 잃어버리게 됩니다.

아이에게 내지르는 화의 숨겨진 실체

내면 깊숙이 자리 잡은 어린 시절의 상처는 아이의 사소한 반항이나 실수에도 우리 뇌의 비상벨인 '편도체(Amygdala)'를 과도하게 자극하여 비명을 지르게 만듭니다. 이것은 단순히 현재 상황에 대한 화가 아닙니다. 과거의 상처가 현재의 상황과 결합하여 일으키는 절박한 생존 본능에 가깝습니다.

"왜 또 틀렸어?"라고 아이를 몰아세울 때, 사실 우리 내면에서는 과거에 틀렸다는 이유로 비난받았던 어린 시절의 내가 공포의 고속도로를 달리며 울부짖고 있는 나를 목격하는 순간입니다. 지금 아이에게 내지르는 화는 아이의 잘못 때문이 아니라, 보호받지 못했던 내 안의 어린아이가 내지르는 서글픈 비명일 가능성이 높습니다.

'문제'를 넘어 '존재'를 바라보는 눈

내 안의 어린아이를 정면으로 마주하고 그 아픔을 가만히 어루만지는 과정은, 우리를 가두어 온 수직적 상하 관계라는 익숙한 감옥에서 걸어 나와 진정한 파트너십으로 나아가는 '심리적 독립'의 위대한 시작입니다. 부모가 먼저 자신의 마음 지도를 읽고 치유할 때, 아이를 향한 렌즈의 초점은 비로소 '문제'가 아닌 '존재'로 옮겨집니다.

그때야말로 우리는 아이의 거친 행동을 나를 향한 '공격'이 아닌, 도와 달라는 간절한 '구조 신호(SOS)'로 받아들일 수 있는 넉넉한 공간을 갖게 됩니다. 이 용기 있는 발걸음이 모여 우리 집 거실에는 비난의 화살 대신 이해의 훈풍이 불기 시작하며, 숫자라는 틀을 넘어선 관계의 기적이, 당신이 지휘봉을 내려놓는 바로 그 찰나에 시작될 것입니다.

2) 이해를 통한 새로운 항로의 설계: 지휘봉을 내려놓지 못하는 이유

지휘봉 뒤에 숨겨진 불안의 그림자

우리는 왜 그토록 아이의 일거수일투족을 통제하고 싶어 할까요? 왜 아이가 내 계획에서 조금만 벗어나도 참기 힘든 분노가 치밀어 오르는 것일까요? 지휘봉을 든 부모의 무거운 어깨 너머에는, 사실 나조차 미처 발견하지 못한 깊은 내면의 목소리가 숨어 있습니다.

내가 왜 특정 상황에서 유독 날카로운 반응을 보이는지 스스로를

 아이의 뇌에 긍정의 회로를 심는 부모 코칭 에세이

깊이 들여다볼 때 비로소 변화의 실마리가 풀리기 시작합니다. 지휘봉을 꽉 쥔 손에 힘이 들어갈수록 아이와의 거리는 멀어지지만, 역설적이게도 그 강한 통제는 우리 내면의 깊은 불안을 잠재우기 위한 처절한 방어벽이기도 합니다. 내가 쥐고 있던 통제의 지휘봉이 사실은 과거의 불안이나 결핍으로부터 나를 보호하려 했던 '방어 기제'였음을 깨닫는 것, 그것이 바로 자기 자비(Self-Compassion)를 향한 첫걸음입니다.

공격이 아닌 '구조 신호'로 읽어 내는 눈

내면의 치유를 통해 정서적 여유가 확보되면, 아이를 바라보는 렌즈의 초점이 '문제'가 아닌 '존재'로 극적으로 이동하게 됩니다. 이전에는 부모를 무시하는 듯한 아이의 거친 행동이 나를 향한 '공격'으로 느껴져 즉각적으로 비난의 화살을 쏘아 올렸다면, 이제는 그 행동 이면에 숨겨진 아이의 연약하고 서툰 마음을 포착하게 됩니다.

사소한 일에 짜증을 내거나 방문을 쾅 닫고 들어가는 아이의 행동은 반항이 아닙니다. 그것은 "내 마음이 지금 너무 힘드니 제발 나를 좀 읽어 달라"고 온몸을 던져 보내는 간절한 '구조 신호(SOS)'입니다. 부모가 이 신호를 '공격'으로 오해해 화살을 쏘면 아이의 뇌는 다시 고립되지만, 이를 '도와 달라는 외침'으로 읽고 닻을 내리면 관계는 비로소 안전한 항구에 닿습니다. 부모가 이 숨겨진 의도를 포착하기 위해 비난을 멈추고 기다려 줄 때, 두 사람 사이의 어긋났던 주파수는 비로소 맞춰지기 시작하며 갈등의 파도를 넘어 소통의 항구로 나아가는 새로운 항로가 열립니다.

지휘관의 완장을 내려놓고
평온한 항해사가 되는 길

부모가 자신의 감정을 다스리며 평온을 유지하는 기술은 백 마디 훈계보다 강력한 교육입니다. 우리가 자신의 내면을 돌보고 변화하려 애쓰는 뒷모습 자체가 아이에게는 가장 훌륭한 교과서가 되기 때문입니다. 부모가 지시자의 완장을 내려놓고 질문의 마이크를 건네며 아이를 '해결의 주체'로 대우할 때, 아이의 뇌 속 경영자인 전두엽(CEO)은 비로소 잠에서 깨어나 스스로 답을 찾기 시작합니다. 부모의 평온함이 아이의 전두엽을 깨우는 가장 강력한 에너지원이 될 때, 우리가 꿈꾸던 긍정적인 변화는 이미 현실이 되어 있을 것입니다.

우리가 앞서 목격했던 관계의 기적은 단순히 기술적인 숙련도가 아니라, 부모가 아이를 '답을 가진 온전한 주체'로 믿어 주는 신뢰의 토양 위에서 완성됩니다. 부모가 먼저 자신의 마음 지도를 수정하고 평온한 항해사가 되어 줄 때, 아이는 부모라는 안전한 항구를 딛고 일어나 자신만의 눈부신 빛을 찾아 더 넓은 바다로 나아갈 용기를 얻게 될 것입니다.

 아이의 뇌에 긍정의 회로를 심는 부모 코칭 에세이

3) 건강한 성장의 모델링:
   대물림을 끊고 파트너십으로

부모의 뒷모습이 건네는 가장 정직한 가르침

아이는 부모의 입술 끝에서 나오는 화려한 훈계보다, 부모의 삶이 뿜어내는 보이지 않는 기운과 태도를 훨씬 더 빠르게 흡수합니다. 이것이 바로 소리 없이 강력한 '모델링(Modeling)'의 힘입니다. 부모가 먼저 자신의 내면을 점검하고 변화하려 애쓰는 뒷모습 자체가 아이에게는 가장 훌륭한 인생 교과서가 됩니다.

특히 부모가 자신의 불완전함을 인정하고 "미안해, 엄마(아빠)도 부모 노릇은 처음이라 여전히 배우는 중이란다"라고 솔직하게 고백하는 순간, 아이의 마음속에는 경이로운 안도감이 피어납니다. 이 정직한 사과는 부모의 권위를 무너뜨리는 것이 아니라, '실수해도 괜찮다, 다시 시작하면 된다'는 삶의 위대한 비밀을 가르쳐 주는 가장 고귀한 성장의 선물입니다.

지휘관의 완장을 내려놓고
코치의 운동화를 신을 때

우리는 오랫동안 정답을 제시하고 아이를 이끌어야 한다는 무거운 '지휘관의 완장'을 차고 살아왔습니다. 하지만 이제 그 완장을 과감히 내려놓고, 아이와 함께 나란히 달릴 준비가 된 '코치의 운동화'를 신어야 할 때입니다. 부모가 지시자가 아닌 조력자(Partner)로서 곁을 지킬 때, 아이는 비로소 부모라는 견고한 '안전 기지' 안에서 인생의 항해를 시작할 용기를 얻습니다.

이러한 수평적 파트너십으로의 전환은 단순한 심리적 위로를 넘어선 과학적인 변화입니다. 부모가 아이를 '답을 가진 온전한 주체'로 믿어 줄 때, 자녀와의 부정적인 의사소통은 14.7%나 유의미하게 감소하는 기적을 만들어 냅니다. 이 숫자는 부모의 신뢰가 아이 뇌의 공포 회로를 끄고, 스스로 삶을 설계하는 자기 결정성의 근육을 키워 준다는 명확한 증거입니다.

함께 걷는 길 위에 피어나는 기적

과거의 대물림을 끊고 파트너십의 항로를 선택하는 과정은 때로 낯설고 두렵기도 할 것입니다. 하지만 부모가 먼저 마음의 거울을 닦고 평온한 항해사가 되어 줄 때, 우리 가족의 우주는 스스로 눈부신 빛을

  아이의 뇌에 긍정의 회로를 심는 부모 코칭 에세이

발하기 시작합니다.

당신이 오늘 보여 준 그 '성장하는 뒷모습'은 아이에게 세상을 살아갈 가장 단단한 품성의 기초가 되고, 인생의 돛을 스스로 올리는 강력한 동력이 될 것입니다. 당신이 먼저 행복해지는 것, 그것이 곧 아이의 날개가 되는 가장 아름다운 코칭의 완성입니다.

내 안의 아이와 화해하고,
새로운 항해를 시작하는 당신에게

상담실에서 만나는 수많은 부모님께 저는 늘 말씀드립니다. "부모가 먼저 평온해지는 것, 그것이 아이의 뇌 속에 긍정적인 미래 회로를 심는 가장 비옥한 토양이 될 것입니다." 낡은 지도를 덮고 아이와 나란히 서기로 결심한 당신을 위해 세 가지 마음의 이정표를 남깁니다.

■ 내 안의 어린아이를 먼저 다독여 주세요

아이에게 화가 치밀어 오를 때, 잠시 멈추고 내면의 목소리에 귀를 기울여 보세요. 지금의 분노는 아이의 잘못 때문이 아니라, 과거에 보호받지 못했던 내 안의 어린아이가 내지르는 서글픈 비명일지 모릅니다. 나를 먼저 안아 주는 그 3초의 침묵이 아이에게 대물림되던 상처의 사슬을 끊어 내고, 관계의 혁명을 시작하는 위대한 첫걸음이 됩니다.

■ 지휘봉 뒤에 숨겨진 나의 '불안'을 읽어 주세요

우리가 아이를 통제하려 지휘봉을 꽉 쥐었던 이유는 아이를 이기기

아이의 뇌에 긍정의 회로를 심는 부모 코칭 에세이

위해서가 아니라, 사실은 내 안의 결핍과 불안으로부터 나 자신을 지키기 위한 처절한 방어벽이었습니다. 이 숨겨진 의도를 깨닫고 통제의 완장을 내려놓을 때, 비로소 아이의 거친 행동은 '공격'이 아닌 도와달라는 간절한 '구조 신호(SOS)'로 보이기 시작할 것입니다.

■ 완벽보다 '성장하는 뒷모습'을 선물하세요

아이는 부모의 유창한 훈계가 아니라 부모의 정직한 삶을 먹고 자랍니다. 자신의 불완전함을 인정하고 "미안해, 엄마도 배우는 중이야"라고 말하는 당신의 뒷모습은 아이에게 세상에서 가장 안전한 기지가 되어 줍니다. 당신이 지휘봉 대신 신뢰의 나침반을 들고 평온한 항해사가 되어 줄 때, 우리가 꿈꾸던 관계의 기적은 숫자라는 틀을 넘어 눈부신 현실이 될 것입니다.

> "당신이 맑은 거울이 되어 자신을 먼저 사랑할 때, 아이는
> 그 속에 비친 자신의 가치를 스스로 발견하며 당당한 항해사로
> 성장할 것입니다. 당신은 이미 충분히 좋은 부모이며,
> 당신의 용기 있는 항해를 온 마음으로 응원합니다."

03

회복탄력성: 스트레스 상황에서
평온을 유지하는 기술

1) 감정의 폭풍 속에서 나침반을 고쳐 쥐는 법:
뇌 과학적 정화 기술

예측 불가능한 바다 위, 나침반을 놓치는 순간

부모라는 이름의 항해는 때로 지도도 없이 짙은 안개 속을 홀로 헤쳐 나가는 것과 같습니다. 평온하던 수평선 너머로 아이의 돌발 행동이라는 거센 파도가 예고 없이 들이닥칠 때, 우리 마음속에는 걷잡을 수 없는 풍랑이 일어납니다. 쏟아지는 비난과 통제하기 힘든 분노는 한순간에 부모라는 항해사의 눈을 가리고, 우리는 나침반을 놓친 채 망망대해에서 길을 잃고 맙니다.

이때 우리에게 가장 필요한 것은 거친 파도를 억누르는 완력이나 아이를 제압하는 권위가 아닙니다. 풍랑 속에서도 아이와 손을 잡고 함께 안전한 항구로 돌아올 수 있게 돕는 정교한 항해술, 즉 뇌 과학적으로 내면의 평온을 되찾는 '감정 정화 기술'이 필요합니다.

아이의 뇌에 긍정의 회로를 심는 부모 코칭 에세이

3초의 정적, 비명 지르는 편도체를 잠재우는 마법

아이를 향해 비난과 분노라는 날카로운 화살을 쏘아 올리기 전, 단 '3초'만 고요하게 멈춰 깊은 호흡을 해 보세요. 그 찰나의 짧은 정적은 우리 뇌 안에서 소리 없는 혁명을 일으킵니다. 분노가 치밀어 오르는 순간, 뇌 깊숙한 곳에서는 공포와 공격성을 담당하는 '편도체(Amygdala)'가 비명을 지르며 이성적인 사고를 마비시킵니다.

하지만 우리가 의식적으로 호흡을 가다듬는 그 3초 동안, 비명 지르던 편도체는 안정을 찾기 시작합니다. 그리고 잠시 기능을 멈추었던 이성적 사고의 중심지이자 뇌의 경영자인 '전두엽(CEO)'이 다시 깨어나 지혜의 불꽃을 틔울 준비를 마칩니다. 이 짧은 멈춤이 바로 편도체의 폭주를 막고 전두엽의 주도권을 회복하는 뇌 과학적 골든타임입니다.

분노가 아닌 지혜를 선택하는 항해사의 권위

이 3초의 멈춤은 단순히 화를 억누르거나 참는 고통스러운 인내가 아닙니다. 그것은 내 인생 항로의 키를 휘몰아치는 분노에 내맡기지 않고, 부모라는 이름의 지혜와 사랑으로 다시 가져오겠다는 위대한 선택입니다. 우리가 지휘봉을 내려놓고 질문의 마이크를 건네며 이 평온의 항해술을 발휘할 때, 자녀와의 관계에는 숫자라는 틀을 넘어

선 눈부신 정서적 도약이 일어나기 시작합니다.

부모가 평온의 중심을 지킬 때, 가정은 비로소 어떤 파도에도 침몰하지 않는 가장 안전한 항구가 됩니다. 당신이 오늘 선택한 그 3초의 호흡은 아이에게 평생을 살아갈 가장 단단한 정서적 안전 기지가 되어 줄 것입니다.

2) '부드러운 시작'으로 여는 평온의 루틴: 감정 이름표의 마법

감정의 폭주를 막는 첫 번째 브레이크: '이름 붙이기'

분노가 임계점에 도달해 폭발하기 직전, 부모의 손은 무의식적으로 통제의 지휘봉을 꽉 쥐게 됩니다. 하지만 그 찰나의 순간, 시선을 아이가 아닌 나 자신에게로 돌리는 용기가 필요합니다. 거친 숨을 고르며 스스로에게 "지금 내 마음이 많이 힘들고 서운하구나" 혹은 "내가 지금 몹시 지쳐서 예민해져 있구나"라고 다정한 '감정의 이름표'를 붙여 주는 연습을 시작하십시오.

심리학에는 '이름을 붙이면 길들여진다(Name it to tame it)'라는 놀라운 원리가 있습니다. 안개처럼 실체가 없는 분노는 우리를 통째로 집어삼키는 괴물이 되지만, 명확하게 이름이 붙여진 감정은 비로소

　아이의 뇌에 긍정의 회로를 심는 부모 코칭 에세이

우리가 관찰하고 다스릴 수 있는 '객체'가 되기 때문입니다. 이러한 자기 관찰은 부모의 정서적 회복탄력성을 비약적으로 높여 주며, 거친 감정의 파도 속에서도 침몰하지 않고 평온의 키를 고쳐 쥐는 단단한 내면의 근육을 만들어 줍니다.

뇌의 주도권을 되찾는 객관화의 힘 이름표를 붙이는 행위는 강력한 뇌 과학적 정화 과정입니다. 우리가 감정에 이름을 붙이는 순간, 뇌의 주도권은 편도체에서 전두엽(CEO)으로 즉각 이동합니다. "나는 지금 화가 난다"라고 말하는 순간, 우리 뇌는 '화' 그 자체가 되는 대신 '화를 관찰하는 주체'로 거듭납니다. 전두엽이 깨어나 상황을 객관적으로 파악하기 시작하면, 비명 지르던 편도체는 자연스럽게 진정됩니다. 부모가 자신의 감정을 먼저 다독일 때, 아이를 향한 날카로운 비난의 화살은 비로소 바닥으로 내려놓아지며 대화를 위한 정서적 여유 공간이 생겨납니다.

날카로운 화살 대신 건네는 '부드러운 시작(Soft Startup)'

내 마음을 먼저 어루만진 뒤에라야 우리는 갈등 상황에서도 날카로운 화살 대신 '부드러운 시작(Soft Startup)'으로 대화의 문을 열 수 있는 에너지를 얻게 됩니다. 비난이나 경멸의 어조를 걸어 내고, 현재의 상황을 있는 그대로 묘사하며 부모의 바람을 전하는 이 방식은 관계의 온도를 바꾸는 마법과 같습니다.

“너는 왜 항상 이 모양이니?”라는 비수 같은 말 대신, “엄마는 지금 거실이 어지러워진 걸 보니 조금 걱정이 되네. 함께 정리해 줄 수 있을까?”라고 시작하는 부모의 부드러운 시작은 아이 뇌 속의 비상벨을 잠재웁니다. 부모가 먼저 평온의 루틴을 실천할 때, 아이는 부모의 뒷모습을 보며 자신의 감정을 다스리는 법을 배우는 인생 최고의 정서 교육을 받게 됩니다. 우리가 꿈꾸던 관계의 기적은 바로 이 부드러운 한마디, 그 평온한 시작에서 완성됩니다.

3) 평온한 부모라는 이름의 안전한 항구: 14.7% 기적의 완성

파도를 견뎌 내는 든든한 ‘안전한 항구’

부모가 어떤 풍랑 속에서도 나침반을 놓지 않고 평온의 자리를 지킬 때, 가정은 비로소 어떤 파도에도 침몰하지 않는 ‘안전한 항구’가 됩니다. 부모의 회복탄력성은 단순히 스트레스를 참아 내는 인내심이 아닙니다. 그것은 폭풍우가 몰아쳐도 언제든 돌아와 닻을 내릴 수 있는 정서적 안전 기지를 구축하는 일입니다.

아이는 부모라는 항구에 머물며 찢어진 돛을 수리하고, 다시 거친 세상으로 나아갈 용기를 얻습니다. 부모가 평온의 중심을 잡을 때, 아

        아이의 뇌에 긍정의 회로를 심는 부모 코칭 에세이

이는 비로소 부모라는 투명한 거울 속에서 자신의 온전한 가치를 발견하며 깊은 정서적 해방감을 느낍니다. 부모의 내면이 평온할 때, 아이는 비로소 '세상은 살아갈 만한 곳'이며 '나는 사랑받기에 충분한 존재'임을 뇌의 신경망 곳곳에 새기게 됩니다.

기술을 넘어 본질로: 행복의 주권을 되찾는 일

우리가 앞서 강조했던 뇌 과학적 코칭의 모든 기술은 결국 부모가 스스로 행복의 주권을 되찾을 때 비로소 완성됩니다. 우리가 평온의 항해를 포기하지 않고 이어 갈 때 나타나는 자녀와의 눈부신 관계 변화는, 단순한 통계적 결과물이 아닙니다. 그것은 부모가 자신의 행복을 돌보고 평온의 자리에 머물기로 결심할 때, 아이의 뇌 속에 긍정적인 미래 회로가 자연스럽게 전염된 결과입니다.

부모가 자신을 향해 먼저 다정한 '맑은 거울'이 되어 주는 것은 결코 이기적인 행동이 아닙니다. 오히려 그것은 아이에게 줄 수 있는 가장 숭고한 선물입니다. 부모가 자신을 '행복의 주체'로 선언하고 내면의 에너지를 채울 때, 그 넉넉한 빛은 아이의 우주를 비추는 가장 따뜻한 등불이 됩니다. 코칭의 기술보다 중요한 것은, 부모의 평온함이야말로 아이의 전두엽을 깨우는 가장 정교한 리모컨이라는 사실을 믿는 것입니다.

<u>**스스로 인생의 돛을 올리는 당당한 항해사**</u>

아이를 '답을 가진 해결의 주체'로 믿어 주듯 우리 자신도 '행복을 일구는 주체'임을 잊지 마십시오. 부모가 먼저 마음의 평화를 회복하고 스스로를 긍정할 때, 아이는 부모라는 안전한 항구를 딛고 일어나 스스로 인생의 돛을 올리는 당당한 항해사로 성장합니다.

이것이 바로 부모 코칭이 꿈꾸는 가장 아름다운 결말입니다. 당신이 오늘 선택한 3초의 호흡, 당신이 감정에 붙여 준 다정한 이름표 하나가 모여 우리 가족의 우주는 스스로 눈부신 빛을 발하기 시작할 것입니다. 지치지 않는 평온함으로 아이의 곁을 지키는 당신, 당신은 이미 코칭의 긴 여정을 눈부시게 완성하고 있는 위대한 항해사입니다.

   아이의 뇌에 긍정의 회로를 심는 부모 코칭 에세이

평온의 나침반을 쥐고 행복의 항해를
이어 갈 당신에게

부모라는 이름의 항해사로 살아가며 예상치 못한 풍랑 앞에 나침반을 놓치고 당황했던 수많은 순간, 얼마나 애쓰셨는지 잘 알고 있습니다. 하지만 잊지 마세요. 거친 파도보다 강한 것은 그 파도를 넘어서려는 당신의 의지이며, 아이에게 줄 수 있는 가장 큰 선물은 바로 당신의 평온함이라는 사실을요.

■ 당신의 '3초 호흡'은 아이의 세상을 바꾸는 골든타임입니다

분노가 폭발하려는 찰나, 당신이 선택한 그 짧은 3초의 멈춤은 단순히 화를 참는 시간이 아닙니다. 그것은 비명 지르는 편도체를 다독이고 지혜로운 전두엽의 전원을 켜는 뇌 과학적 혁명입니다. 당신이 들이마시는 그 한 번의 호흡이 아이에게는 어떤 폭풍우에도 침몰하지 않는 가장 단단한 정서적 안전 기지가 됩니다.

■ 나에게 먼저 다정한 이름표를 붙여 주세요

감정에 이름을 붙이는 순간, 우리는 감정에 휘둘리는 노예가 아닌 감정을 다스리는 주인이 됩니다. "내가 지금 몹시 지쳐 있구나"라고 스스로를 먼저 안아 주세요. 나를 향한 그 다정한 인정이 있어야만 아이에게도 비수 같은 말 대신 '부드러운 시작'의 대화를 건넬 에너지가 생겨납니다. 당신의 부드러운 목소리는 아이의 닫힌 마음을 여는 가장 정교한 열쇠입니다.

■ 당신은 존재만으로도 아이의 '안전한 항구'입니다

부모가 행복의 주권을 되찾고 스스로를 긍정할 때, 가정은 비로소 눈부신 빛을 발하는 치유의 공간이 됩니다. 코칭의 기술보다 중요한 본질은 당신의 행복이 아이의 뇌 속에 긍정적인 미래 회로를 심는 가장 강력한 리모컨이라는 믿음입니다. 당신이 평온의 중심을 잡을 때, 아이는 비로소 당신이라는 맑은 거울 속에서 자신의 가치를 발견하며 스스로 인생의 돛을 올리는 당당한 항해사로 성장할 것입니다.

> "지치지 않는 평온함으로 아이의 곁을 지키는 당신, 당신은 이미 코칭의 긴 여정을 눈부시게 완성하고 있는 위대한 항해사입니다. 당신의 행복한 항해를 온 마음으로 응원합니다."

 아이의 뇌에 긍정의 회로를 심는 부모 코칭 에세이

04

지속 가능한 행복:
부모의 성장이 아이의 날개가 될 때

1) 희생이라는 낡은 그림자:
나를 지워야 아이가 산다는 착각

희생이라는 이름의 무거운 배낭

우리는 아주 오랫동안 '부모는 자식을 위해 기꺼이 자신을 지워야한다'는 무언의 사회적 압박 속에 살아왔습니다. 내 꿈은 창고 깊숙한 곳에 잠시 접어 두고, 내가 좋아하는 것들은 '사치'라는 이름으로 뒷전으로 미루며, 오로지 아이의 성공과 안녕을 위해 모든 것을 쏟아붓는 것이 부모의 가장 숭고한 도리라 믿었지요. 이것은 우리 사회가 오랫동안 칭송해 온 '부모의 성자화(聖者化)'이기도 했습니다.

하지만 상담실의 좁은 책상을 사이에 두고 수많은 부모와 아이들을 만나며 목격한 진실은 조금 달랐습니다. 부모가 자신을 지워 갈수록, 아이는 그 비어 버린 공간을 부모의 사랑이 아닌 '갚을 길 없는 거대한 채무'로 채우고 있었습니다. 부모가 짊어진 희생이라는 무거운 배낭

은 아이에게 전달되는 순간, 아이의 어깨를 짓누르는 보이지 않는 족
쇄가 되어 정서적인 '숨 가쁨'을 유발하곤 합니다.

사랑이라는 이름의 정서적 채무

부모의 행복은 결코 아이의 희생을 담보로 하지 않습니다. 오히려
부모가 자신의 삶을 포기한 채 아이에게만 모든 기대를 투사할 때, 아
이는 '부모의 인생을 대신 살아야 한다'는 과도한 책임감을 안고 살아
갑니다. "내가 잘되지 않으면 나를 위해 모든 것을 포기한 부모님의
인생은 실패한 것이 된다"라는 공포는 아이의 전두엽을 마비시키고,
실패를 극도로 두려워하는 무기력한 내면을 만듭니다.

진정한 사랑은 나를 소멸시키는 희생이 아니라, 내가 먼저 행복의
주인이 되어 아이와 나란히 걷는 '건강한 동행'에 있습니다. 부모가 자
신의 삶을 소중히 여기지 않으면서 아이에게 "너의 삶을 사랑하라"고
가르치는 것은 공허한 메아리에 불과합니다. 아이에게 진정으로 필요
한 것은 나를 위해 바쳐진 부모의 고단한 인생이 아니라, 자신의 삶을
충만하게 가꾸어 나가는 부모의 활기찬 에너지 그 자체입니다.

        아이의 뇌에 긍정의 회로를 심는 부모 코칭 에세이

나를 돌보는 것은 아이를 위한 최고의 코칭

이제 우리는 희생이라는 이름 뒤에 숨겨진 무거운 그림자를 걷어내야 합니다. 부모가 자신의 욕구와 꿈을 존중하며 스스로를 돌보는 행위는 이기적인 탈출이 아니라, 아이에게 '자신을 사랑하는 법'을 몸소 보여 주는 가장 고귀한 모델링입니다.

내가 먼저 숨을 쉬어야 아이의 숨구멍도 트입니다. 부모인 당신이 자신의 삶에서 기쁨을 찾고 스스로를 긍정할 때, 아이는 비로소 부모라는 무거운 짐을 내려놓고 자신만의 하늘을 향해 자유롭게 날갯짓할 수 있습니다. 당신이 먼저 행복해지는 것, 그것이 바로 아이를 향한 가장 위대한 사랑의 완성이자 코칭의 본질입니다.

2) 함께 걷는 기쁨의 완성:
완벽이 아닌 '믿음의 항해' 그 자체

행복은 정착지가 아닌 '항해' 그 자체입니다

많은 부모가 행복한 가정을 '갈등이 전혀 없는 진공 상태'나 '모든 문제가 해결된 완벽한 종착지'라고 오해하곤 합니다. 하지만 우리가 지향해야 할 지속 가능한 행복은 모든 파도가 잦아든 고요한 바다가 아닙니다. 오히려 예측할 수 없는 거친 파도에 부딪혀 실수하고 휘청거려도 다시 일어서고, 서로의 서툰 발걸음을 비난하는 대신 다정하게 격려하며 끊임없이 나아가는 '믿음의 항해' 그 자체에 있습니다.

행복은 모든 안개가 걷힌 뒤에 도착하는 목적지에서 받는 보상이 아닙니다. 손을 맞잡고 자욱한 안개를 헤치며 함께 길을 찾아가는 그 막막하고도 눈물겨운 과정 속에 행복은 이미 스며들어 있습니다. 파도가 높을 때 서로의 손을 더 꽉 잡는 법을 배우고, 어둠 속에서 서로의 존재 자체가 등불임을 깨닫는 찰나의 순간들이 모여 '우리 가족'이라는 단단한 역사가 됩니다. 서로의 불완전함을 있는 그대로 수용하며 다시 닻을 올릴 때, 우리 가족의 여행은 비로소 기쁨으로 완성됩니다.

"나도 배우는 중이야", 완벽의 족쇄를 푸는 용기

부모의 어깨를 가장 무겁게 짓누르는 족쇄는 '자식 앞에서 언제나 완벽한 모습으로 정답만을 제시해야 한다'는 강박입니다. 부모라는 권위의 갑옷을 입고 실수를 감추려 애쓰는 동안, 아이와의 정서적 거리는 오히려 멀어지곤 합니다. 이제 그 무거운 족쇄를 과감히 풀고 아이 앞에서 "미안해, 엄마도 부모 노릇은 처음이라 여전히 배우는 중이란다"라고 말할 수 있는 용기를 내어 보세요.

이 솔직한 고백은 부모의 권위를 무너뜨리는 항복 선언이 아닙니다. 오히려 가족이라는 배를 어떤 풍랑에도 침몰하지 않는 세상에서

 아이의 뇌에 긍정의 회로를 심는 부모 코칭 에세이

가장 유연하고 단단한 배로 만들어 주는 마법의 주문입니다. 부모가 자신의 취약함을 정직하게 드러낼 때, 아이는 비로소 긴장의 숨을 고르며 부모라는 안전한 갑판 위에서 자신의 속마음을 꺼내 놓기 시작합니다. 부모의 인간적인 정직함은 아이가 훗날 인생의 거친 파도를 만났을 때 다시 일어설 수 있게 하는 세상에서 가장 튼튼한 방파제가 됩니다.

성장 데이터: 풍랑 속에서 발견하는 자율성의 보석

항해 도중 예상치 못한 폭풍우를 만나 잠시 방향을 잃더라도 괜찮습니다. 우리가 서로를 '내면에 스스로 답을 가진 온전한 주체'로 바라보는 신뢰의 나침반만 놓지 않는다면, 길을 잃고 헤매는 것조차 여행의 귀중한 일부가 됩니다. 부모가 통제의 지휘봉을 휘둘러 강제로 배를 돌리는 대신, 아이가 스스로 키를 잡아 보도록 곁에서 기다려 줄 때 놀라운 기적이 일어납니다.

그 과정에서 겪는 모든 시행착오는 실패가 아니라 아이의 자율성을 키우는 소중한 '성장 데이터(Growth Data)'로 치환됩니다. 스스로 길을 잃어 본 아이만이 다시 길을 찾는 법을 배우고, 직접 풍랑을 견뎌 본 아이만이 자신만의 항로를 설계할 힘을 얻습니다. 부모의 코칭은 아이 대신 노를 젓는 것이 아니라, 아이가 자신의 힘으로 노를 저을 때까지 평온한 눈빛으로 곁을 지켜 주는 것입니다. 함께 길을 찾아 헤매는 그 고단하고도 찬란한 모든 순간이 모여, 우리 가족만의 고유하고 눈부신 행복의 지도가 완성되는 것입니다.

3) 우리 가족의 우주를 비추는 빛: 기적의 마침표

나를 '행복의 주체'로 세우는 마지막 퍼즐

코칭의 긴 여정 끝에 우리가 마주하는 가장 소중한 진실은 하나입니다. 그것은 아이를 스스로 문제를 풀어 갈 '해결의 주체'로 믿어 주었듯, 부모인 우리 자신 또한 '행복의 주체'임을 잊지 않아야 한다는 사실입니다. 행복은 아이의 성적표나 타인의 인정에 의해 결정되는 부수적인 결과물이 아닙니다. 오히려 부모인 내가 먼저 내 삶의 주권을 회복하고, 스스로를 긍정할 때 비로소 뿜어져 나오는 근원적인 빛입니다.

우리가 그토록 염원하던 변화는 이제 더 이상 논문 속의 수치나 통계에 머무는 차가운 숫자가 아닙니다. 그것은 오늘 아침 거실에서 나눈 다정한 인사, 아이의 서툰 실수 뒤에 찾아온 부모의 평온한 침묵, 그리고 비난의 화살 대신 건넨 신뢰의 눈빛 속에 깃든 '살아 있는 기적'입니다. 이 사소하고도 눈부신 순간들이 모여 우리 가족의 운명을 바꾸는 마지막 퍼즐 조각이 완성됩니다.

    아이의 뇌에 긍정의 회로를 심는 부모 코칭 에세이

아름다운 순환: 안전 기지에서 날개로

부모의 흔들리지 않는 평온함은 아이에게 세상 그 무엇보다 단단한 '안전 기지'가 되어 줍니다. 폭풍우 치는 바다에서 돌아온 배가 안심하고 닻을 내릴 수 있는 항구처럼, 부모가 정서적 중심을 지킬 때 아이는 비로소 두려움 없이 자신의 잠재력을 탐색할 수 있는 심리적 자유를 얻습니다.

나아가 부모가 멈추지 않고 자신의 삶을 사랑하며 성장해 나가는 그 뒷모습은, 아이가 더 넓은 세상을 향해 힘차게 날아오를 수 있게 하는 가장 눈부신 '날개'가 되어 줍니다. 부모의 평온함이 튼튼한 기지가 되고, 부모의 성장이 힘찬 날개가 되어 주는 이 아름다운 선순환 속에서 우리 가족이라는 작은 우주는 외부의 빛을 빌리지 않고도 스스로 눈부신 빛을 발하게 될 것입니다. 이것이 바로 우리가 지향해 온 코칭의 최종 목적지이자, 지속 가능한 행복의 실체입니다.

고단한 마음을 안아 준 당신에게 드리는 헌사

이 모든 기적의 시작을 기억하시나요? 아이의 차가운 손을 잡기 전, 거울 앞에 서서 자책과 두려움으로 떨고 있던 당신 자신의 고단한 마음을 먼저 따뜻하게 안아 주었던 그 귀한 시작 말입니다. "나도 부모가 처음이라 서툴렀구나, 참 애썼다"라고 나를 먼저 용서하고 친절을

베풀었던 그 작고 눈물겨운 용기가 씨앗이 되었습니다.

그 씨앗은 이제 '가족 모두의 행복'이라는 풍성한 결실로 완성되었습니다. 당신이 오늘 내딛는 그 행복한 발걸음은 단순히 한 걸음의 이동이 아니라, 대물림되던 상처의 사슬을 끊고 새로운 사랑의 길을 내는 위대한 진전입니다. 완벽하지 않아도 괜찮습니다. 우리는 여전히 항해 중이며, 때로 길을 잃어도 우리에게는 서로를 믿어 주는 신뢰의 나침반이 있기 때문입니다. 당신이 오늘 보여 준 그 평온한 미소가 아이에게는 평생을 살아갈 가장 아름다운 인생의 지도가 될 것입니다.

 아이의 뇌에 긍정의 회로를 심는 부모 코칭 에세이

우주의 빛이 된 당신의 코칭을 응원하며

책의 마지막 장을 덮는 당신에게 저자로서, 그리고 함께 파도를 넘는 동료 부모로서 깊은 존경과 축복을 보냅니다. 당신은 이미 충분히 훌륭한 항해사입니다.

■ 당신의 '여백'을 사랑하세요

부모인 우리가 다 채우지 못한 빈틈은 결핍이 아니라, 아이가 스스로 채울 자율성의 공간입니다. 그 여백을 불안이 아닌 기대의 눈빛으로 지켜봐 주세요. 당신의 '비워 둠'이 아이를 '채워지게' 만듭니다.

■ 오늘의 행복을 내일로 미루지 마세요

아이의 미래를 위해 오늘의 웃음을 희생하지 마세요. 지금 이 순간 당신이 행복해야 아이도 행복을 배우는 '정서적 모델링'이 비로소 완성됩니다. 행복은 저축하는 것이 아니라 지금 이 순간 누리는 것입니다.

■ 당신은 아이의 영원한 '북극성'입니다

어떤 순간에도 아이를 '내면에 답을 가진 온전한 존재'로 믿어 주세요. 당신의 그 한결같은 신뢰가 아이의 전두엽을 깨우고 어두운 우주를 밝히는 빛이 됩니다.

> "당신이 행복의 주인이 되어 빛날 때,
> 우리 가족의 우주는 비로소 완성됩니다.
> 당신의 눈부신 항해에 늘 평온한 훈풍과 따스한
> 햇살이 함께하기를 기원합니다."

아이의 뇌에 긍정의 회로를 심는 부모 코칭 에세이

이제, 당신만의 눈부신 항해를 시작하십시오

이 책의 마지막 장을 덮는 지금, 저는 낯선 길 위에서 서툰 지도를 펴 들고 고군분투하던 우리들의 첫 모습을 떠올려 봅니다. 처음 부모가 되었을 때의 막막함, 아이의 눈물 앞에서 무력했던 밤들, 그리고 사랑이라는 이름으로 휘둘렀던 서툰 지휘봉의 기억들까지 말입니다.

우리가 함께 걸어온 이 여정은 단순히 아이를 바꾸는 '기술'을 배우는 시간이 아니었습니다. 그것은 아이라는 존재를 수리해야 할 기계가 아닌 '스스로 답을 가진 온전한 주체'로 바라보는 관점의 혁명이었으며, 그 과정에서 부모인 우리 자신의 상처를 치유하고 '자기 자비'라는 따뜻한 품으로 나를 안아 주는 법을 배우는 성찰의 시간이었습니다.

제가 여러분께 드리고 싶었던 가장 큰 선물은 바로 '변화할 수 있다'는 단단한 확신입니다. 우리가 지배의 지휘봉을 내려놓고 신뢰의 마이크를 건넬 때, 아이의 뇌 속 전두엽에서는 스스로 인생을 설계하는 지혜의 불꽃이 튀기 시작합니다. 이 숫자는 단순한 데이터가 아니라, 부모가 평온을 유지할 때 가정이 세상에서 가장 안전한 항구가 된다는 과학적인 약속입니다.

이제 여러분은 더 이상 남이 그려 준 지도에만 의존할 필요가 없습니다. 여러분의 마음속에는 이미 '신뢰'라는 정교한 나침반과 '평온'이라는 든든한 닻이 마련되어 있기 때문입니다. 아이가 잠시 풍랑을 만나 흔들릴 때에도, 여러분은 이제 당황하지 않고 아이의 손을 잡으며 물어봐 줄 수 있을 것입니다. "너는 어떻게 생각하니? 아빠(엄마)는 언제나 네 안에 답이 있다는 걸 믿어."

부모 코칭의 완성은 완벽한 아이를 만드는 것이 아니라, 행복한 부모가 되어 아이와 함께 성장하는 그 과정 자체에 있습니다. 여러분의 성장이 아이의 날개가 되고, 여러분의 평온함이 아이의 안전 기지가 되어 주는 그 눈부신 선순환을 응원합니다.

아이의 손을 잡기 전, 먼저 당신의 고단한 마음을 안아 주었던 그 귀한 시작이 당신의 가정에 영원한 평온의 훈풍이 되어 주길 기원합니다. 당신의 눈부신 항해는 이제부터 진짜 시작입니다.

2026년 초봄의 문턱에서, **장세호** 드림

 아이의 뇌에 긍정의 회로를 심는 부모 코칭 에세이

참고문헌

1. 국내 문헌

[단행본 및 번역서]

- 권수영 (2021). **아이 마음이 이런 줄 알았더라면**. 경기 파주: 21세기북스.
- 김주환 (2011). **회복탄력성**. 경기 고양: 위즈덤하우스.
- 김주환 (2019). **회복탄력성**. 경기 고양: 위즈덤하우스.
- 박창규, 권은경, 김종성, 박동진, 원경님 (2019). **코칭핵심역량**. 서울: 학지사.
- 이보연 (2023). **내면육아: 내 아이 행동의 숨은 의도를 찾는 육아 수업**. 경기 고양: EBS Books.
- 정옥분, 정순화 (2008). **부모교육**. 서울: 학지사.
- 폴정 (2016). **폴정의 코칭설명서**. 서울: 아시아코칭센터.
- McDermott, I .Jago, W. (2007). **코칭바이블**. (박정길, 최소영 역). 서울: 웅진윙스. (원저 2005년 출판)
- Popkin, M, H. (2007). **부모교육 지침서 부모 코칭프로그램 적극적인 부모역할 NOW**. (홍영자, 노안영, 차영희 공역). 서울: 학지사. (원저 2004년 출판)
- Reivch, K, & Shatte, A. (2014). **인생의 역경을 가볍게 극복하는 회복력의 7가**

지 기술. (윤문식, 윤상윤 역). 경기 파주: 물푸레. (원저 2003년 출판)

■ Whitmore, J. (2007). **성과 향상을 위한 코칭 리더십**. (김영순 역). 서울: 김영사. (원저 2002년 출판)

[학위 논문]

■ 김미옥 (2010). **부모코칭 프로그램이 부모의 분노, 양육스트레스 및 부모효능감에 미치는 효과**. 석사학위논문. 부산: 경성대학교교육대학원.

■ 우동옥 (2019). **부모코칭역량이 부모자녀 의사소통과 부모유능감에 미치는 영향연구**. 석사학위논문. 충남 천안: 남서울대학교 복지경영대학원.

■ 이미선 (2014). **부모코칭 프로그램이 아버지의 부모효능감과 자녀 상호 작용에 미치는 효과**. 석사학위논문. 충남 천안: 남서울대학교 대학원.

■ 신홍규 (2013). **NLP 집단상담 프로그램이 신세대 군복무 부적응 병사의 내적 통제성, 대인관계, 군복무 적응에 미치는 영향**. 박사학위논문. 서울: 서울벤처대학원대학교.

■ 장세호 (2020). **부모코칭프로그램 개발 및 효과성 검증: 청소년 자녀를 둔 부모의 긍정정서, 대인관계, 회복탄력성을 중심으로**. 박사학위논문. 광주: 광신대학교 대학원.

■ 진수연 (2023). **부모의 코칭리더십이 자녀의 자기주도학습에 미치는 영향: 자기조절, 성장지향성의 매개효과**. 석사학위논문. 서울: 광운대학교 교육대학원.

■ 최윤정 (2022). **부모역량 강화를 위한 비대면 부모코칭프로그램 개발 및 효과: 유아기 부모를 대상으로**. 박사학위논문. 서울: 명지대학교 대학원.

■ 하지나 (2017). **부모의 코칭역량이 초기 청소년기 자녀의 행복감과 진로성숙도에 미치는 영향**. 석사학위논문. 서울: 숭실대학교 교육대학원.

■ 허희정 (2016). **강점기반 부모그룹코칭 프로그램이 부모효능감과 부모-자녀의**

아이의 뇌에 긍정의 회로를 심는 부모 코칭 에세이

사소통 및 그 자녀의 자기 효능감에 미치는 영향. 석사학위논문. 서울: 광운대학교 교육대학원.

2. 국외 문헌

- Dweck, C. S. (2006). **Mindset: The New Psychology of Success**. New York, NY: Ballantine Books.

- Gordon, T. (2000). **Parent Effectiveness Training (P.E.T.)**. New York, NY: Three Rivers Press.

- Gottman, J. M., & DeClaire, J. (1997). **The Heart of Parenting: How to Raise an Emotionally Intelligent Child**. New York, NY: Simon & Schuster.

- Jang, S. H. (2025). **Exploring the Challenges Faced by Teachers in South Korea: Causes and Potential Solutions**. International Journal of Research in Education, Humanities and Commerce, 6(2), 65-82.

- Neff, K. D. (2011). **Self-Compassion: The Proven Power of Being Kind to Yourself**. New York, NY: William Morrow.

- Siegel, D. J., & Bryson, T. P. (2011). **The Whole-Brain Child**. New York, NY: Delacorte Press.

- Winnicott, D. W. (1953). **Transitional Objects and Transitional Phenomena**. International Journal of Psycho-Analysis, 34, 89-97.